JN197722

5Sの教科書

導入から定着まで
1年間の教育プログラム

羽根田 修 著

日科技連

はじめに

私は化学、金属、成形など素材、装置工場のコスト削減を指導している。指導テーマは省エネルギー、歩留り向上、省力化、工程の稼働安定化などである。それらのコスト削減の依頼を受けて、工場を診に行った結果、まず5Sから始めるべきだと提案した工場があった。5Sができていない工場にコスト削減活動は難しい。もちろんはじめから5Sの指導を依頼されることもある。

当初、5S指導において既存の書籍を教科書として使用したかったのだが、知識や考え方、改善事例、フォーマット集などの書籍が多く、5Sを進めるときに教科書として使用できる書籍がなかった。以上のような背景から、本書には以下の(1)～(3)に示す3つのねらいがある。

(1)　5Sの教科書

本書では私が実際に5Sの指導で使用した内容をもとに、工場や事務所で5Sを指導する人がそのまま使える教科書を指向した。実際に、5S活動で使う方には1年間のプログラムになっている。また、高等専門学校生、大学生向けの教科書としても使用できるように10単元に分けて、1単元を1時間程度の講義で使えるようにしてある。もちろん、工場や事務所の5S指導者だけでなく、これから5Sを学びたい人にとっても本書は勉強になるはずである。

(2)　5Sのマネジメントを解説

工場や事務所が5Sを進めるにあたって必要な内容、つまり、どれくらいの期間で、どういう配分で、何を、どうやるか、誰がやるかについて、体系的かつ具体的に解説した。工場の5Sは個人的な活動では限界があり、組織的な活動が必須である。そこで本書では、組織的に進めるための5Sのマネジメントの側面からアプローチしている。5Sの知識は難しくないが、5Sのマネジメントは難しい。特にチーム単位でどう教育、訓練していくかは管理職にとって悩ましいはずである。実際には工場ごとの文化を考慮して教育計画を立てねばならないが、一般的に通じるであろう、参考になるだろうと思われる事項を解説している。

(3) 定点撮影方式による写真で改善事例を紹介

5Sを進めるために有効な定点撮影方式は『5S改善の進め方―改善写真事例集』[1]として書籍化されている(定点撮影方式とは改善前の写真、改善中の写真、改善後の写真により、5Sの進み具合を時系列的に確認できるとともに、改善のノウハウを蓄積する方式)。当時は銀塩写真の時代で、定点撮影方式が広がったとは言い難い。現在はデジタルカメラ、スマートフォンの時代になり定点撮影方式がより簡単にできるようになったので、その有効性を今一度強調したい。本書では定点撮影した事例を多く掲載して、5Sのあるべき姿がイメージしやすくなっている。本書を読めば、すぐに現場でやってみたいと思えるはずである。

(4) 本書の構成

本書の構成は以下のとおり。

第1章「活動企画」では、組織的な5S活動にするためのマネジメントを解説する。優れた活動企画を立てられれば、5S活動は限りなく成功に近づく。

第2章「5S概論」では、5Sの基本知識を習得する。5Sには取り組む順番がある。

第3章「整理」から取り組んでいき、第4章「整頓」へと続いていく。

第5章「見える化」は整頓その2である。整頓で取り組む内容は多いので2つの章に分けている。

5S活動の期間は基本的に1年間である。ここまでで半年かかり中間点にくるので、5Sメンバーは会社の幹部や管理職、関係者を集めて報告会を開催してほしい。その説明が、第6章 「報告会の構成」である。報告会は5S活動の最終日にも開催するが、モチベーション維持のため中間点でも開催すべきである。

活動後半は、第7章「清掃」、第8章「清潔」、第9章「躾(しつけ)」と続けて5Sの各論は終了となる。

第10章では5Sを継続し、定着するための仕組みづくりや次年度の5S活動の方向性を解説する。

各章末に実習と次回までの課題を用意している。特に組織的な訓練を必要とする5Sでは習ったことをみんなで実践しないと身につかない。ぜひ実習と課題に取り組んでほしい。

(5) 本書で使う用語

次に本書で使う用語の定義を説明する。

「幹部」は5S活動における最終責任者、意思決定権者をいう(5S推進委員長)。一般的には工場長や製造所長といった工場のトップである。大工場の場合、工場長が役員クラスで5S活動まで見きれないため、製造部長が5S活動のトップになることがある。また、製造子会社や中小企業の場合、社長が5S活動のトップとなる。それらをいちいち書くと冗長になるので、単に幹部と表現する。

「管理職」は5S活動のマネジメントを担う方で幹部の1ランク下の役職をいう(5S推進委員)。工場長が推進委員長なら管理職は部長をさし、製造部長が推進委員長なら課長をさす。

「メンバー」は5S活動の対象職場かつ5S集合教育を受ける方々で5S活動の中心となる社員をいう。「作業員」は製造現場部門、「社員」は事務部門含めた会社の従業員とする。

最後になりましたが、本書を上梓するにあたり、日科技連出版社の木村修さんには本当にお世話になりました。定点撮影チャートをご提供いただいた、富士変速機㈱のみなさま、昭和電工セラミックス㈱ 富山工場のみなさま、社名非公表の工場のみなさま、ありがとうございました。お陰様であるべき姿が具体的になりました。この場をお借りして深く感謝申し上げます。

2019年5月

羽根田 修

5Sの教科書
導入から定着まで　1年間の教育プログラム

目　次

装丁・本文デザイン＝さおとめの事務所

第1章

活動企画

1.1　5Sの取り組みの評価

私は工場のコスト削減を指導しているため、工場を見学させていただく機会が多い。見学した工場は化学、金属、成形といった素材、装置型が中心の上場企業で数十工場である。学術的には統計的なサンプル調査と体系的な評価基準ができれば望ましいが、指導の合間に診た評価であり、私の主観的な評価であることをお許し願いたい。実務的には、5Sの取り組みレベルは以下の3段階評価で十分だと考えている。

5Sの取り組みレベル

Aランク：5Sが定着している。
Bランク：5Sに取り組んでいるものの中途半端で形骸化している。
Cランク：5Sに取り組んでいない。

Aランクの工場は社員教育に熱心である。集合教育で勉強させ、社員のOJTや小集団活動で実践している。逃げのOJTでなく、集合教育とOJTの相乗効果が発揮されている。班長クラスに5Sの定義を聞いてもきちんと答えられる。現場の細部まで5Sが行き届いている。Aランクは大企業の直営工場に多く、さすがしっかりしていると感心する。

Bランクの工場は5Sがすたれた感がある。昔は熱心に取り組んだけれど今は停滞している。社員に任せて工場の幹部や管理職は関知していない。形式的な5Sになっている。例えばスパナを姿置きしてあるのだが、使わないスパナまで並べてあったり、棚の天井や床下に工具や備品を置いたりしている。いわゆる「惜しい」のである。B ランクの工場は 5S の定着化が課題である。

C ランクの工場は何もやっていないので、工場を診ればすぐわかる。管理職に話を聞いても「5S に取り組んでいない」と認識されている。大企業の直営工場は A ランクでもその子会社やそのグループ会社になると 5S に取り組んでいないことが散見された。C ランクの工場は 5S の進め方が課題である。

野球に例えると C ランクは体育の授業レベル。ルールがわかり、来た球を打ち、補ることができる程度。B ランクは一般的な部活レベル。各自の役割を理解して、それに向けて練習している。A ランクはプロレベル。見ていても美しい。さて、みなさまの職場の取り組みレベルはいかがであろうか？　ぜひ考えてみてほしい。

1.2　5S がなぜ進まないのか

5S 活動は「5S を進める→定着させる」が基本ステップであるから、5S を進めるべきである C ランクの工場からヒアリングした特徴を以下に示す。

5S に取り組んでいない C ランクの工場の特徴

- 幹部の意識が低い。5S は簡単だと思っている。
- 幹部が 5S を導入したいと思いつつ、どう進めるかわからない。
- 管理職が具体的でなく、抽象的な口先だけの指示に終始している。パトロールレベルが低い。
- 社員が指示待ち。一部の社員しかやらない。
- 管理職が改善や教育にお金を出さない。
- 会社に教育プログラムがない。知識がない、わからない、誤解している。

- 社員に 5S を実行する時間を与えていない。
- ルールを決めても守らない社員がいて、崩れていく。

反対に、A ランクの工場、B ランクの工場が過去に 5S がうまく行っていたとき、私自身が 5S を指導した実感、5S 活動の推進担当者の意見を集約すると 5S を進めるうえで絶対に外せない要件として次の 2 つが必須である。

1.2.1　全員参加

工場では製造装置を複数の作業員で担当し、工具を共用することが一般的である。24 時間運転で交代勤務者がいると、さらに担当作業員が増える。

5S 活動がスタートすると整理から取り組むことになる。不要なモノを捨てるわけだが、個人的に不要物と思っていても、他の組で使う人がいるかもしれないと考えるのが普通である(自分が交代 1 組であれば、他の交代 2～4 組のことも考える)。事務所も同じである。個人の机やキャビネットなら個人の責任で進めることができるが、共用している資料(図面やカタログ、規格書、帳票など)、文具、書籍、小物など、誰か使っていると考えてしまう。個人で「このカタログ捨てたいのだけどいい？」と関係者に聞いて回る人がいれば貴重であるが、なかなかいないのではないだろうか。

5S は個人活動の限界がある。工場全体(部門全体)で一斉に取り組まないと進まない。そして、5S は訓練が必要である。いきなり上手にできない。5S は小さな改善の積み重ねである。訓練することで改善の質が上がっていく。その訓練を特定の社員しかやらないのはダメで、うまくいかない。

再び野球に例えると、キャプテンしか練習しない野球部は試合で勝てるだろうか。補欠も含めて必死に練習する野球部のほうが層は厚く、強くなる。5S も同じで班長だけ教育するのではダメで、同じ職場の全員が同時に教育を受け、訓練していかないと足を引っ張る社員が出る。足を引っ張る、抵抗する社員を説得しようとするより、はじめから一緒に教育、訓練したほうがよほど前向きである。5Sはチーム学習であると理解してほしい。

1.2.2　幹部のリーダーシップ

工場幹部や管理職のリーダーシップが必要な2つの事例を示す。

【事例1】集合教育日の調整と伝達教育のマネジメント

5S活動を進めるにあたり、どこまでを対象とするか決めねばならない。1年目は集合教育を実施したいのだが、工場では交代勤務が多いため、全員で活動するのであれば集合教育日を生産停止にしなければならない。生産調整が難しいのであれば、どこの組と装置を対象とするか、参加しない組への伝達教育は誰がいつやるのかなど、工場幹部のマネジメントが必須になる。

【事例2】不要品処分の判断

5S活動で整理を始めると、自部門内(製造とする)に他の部門のモノ(研究部門のサンプル品、品質保証部門のクレームあずかり品、保全部門の遊休設備、営業部門の滞留品など)が置いてあると、当該部門長に連絡して対処を促さなければならない。また、不要品の処分は経営判断を要する(資産を捨てることになるので)。そういった判断や調整は管理職がいないと非常にやりにくい。

5Sを進めて、定着させるには幹部の意識(マネジメント)と現場の意識(技能)が関係する。図表1.1に5S活動における幹部と現場の意識の関係を示す。5Sが停滞、取り組んでいない左下の×の状態から、工場幹部が5Sに対して高い意識を持って実行に移すことがスタートになり、左上の△に移行する。5S導入時点ではトップダウンが必須である。5Sが活性化して定着すると右上の◎になる。5S意識の高い幹部が人事異動でいなくなっても、現場に5Sが定着すれば右下の○になり、現場が自立した状態になる。

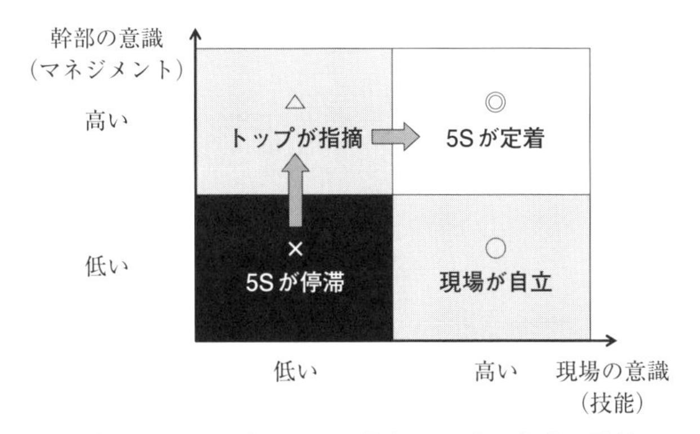

図表 1.1　5S 活動における幹部と現場の意識の関係

1.3　活動企画の立案

5S 活動を進めるにあたり、まず活動企画書を作成する。活動企画書は幹部の承認をもらい、キックオフミーティングを開催、そこで関係者に説明する。活動企画書は 5S 活動の核となるので、関係者とよく検討して作成する。活動企画書は参加する班の数にかかわらず、1 つ作成すれば十分である。

活動企画書に書くべき項目を解説する。

1.3.1　活動の背景

これまでの 5S 活動の経緯、現在の 5S の程度、反省点を踏まえて、5S 活動を始めるに至った理由を書く。幹部の鶴の一声かもしれないが、鶴の一声が出た背景を考えればよい。

1.3.2　活動の位置づけ

現在の経営方針に対して、5S の位置づけを書く。例えば、品質面が弱く経営課題になっている場合、「5S を基礎として TQM（総合的品質管理）につなげたい」となる。トラブルが多く稼働率が低い場合、「5S から

TPM（全員参加の生産保全）につなげたい」となる。その他、社員レベルアップや入社したいと思える工場したいなどである。5Sそのものを目的としてもよいが、5Sの次のステップが明確にあったほうが、それを念頭において活動できる。

1.3.3　活動のねらい

目的、実現したいことを書く。5S活動にコスト削減目標は合わないが、経営課題の前段階として、不良を減らす、生産性を上げる、エネルギーを減らす、安全を確保するなど、製造現場のレベルアップ項目を明記しておく。項目はあまり欲張らず１つ程度にしておく。

1.3.4　活動に対する期待事項

5S活動に期待することを幹部や管理職に聞いて書く。

1.3.5　活動名称（チーム愛称）

活動名称として単に「5S活動」では味気ない。参加するメンバーが愛着を持ち、誇らしい気持ちになるような活動名称を工場で１つつけるとよい。活動名称とは別に班ごとにチーム愛称をつけてもかまわない。小集団活動を行っている工場ではチーム愛称をよくつけている。

1.3.6　推進体制

図表1.2に推進体制を示す。活動の成否はいかによい推進体制をつくるかで決まる。5Sリーダーは管理職クラスを推奨する。それはチームの指示命令系統を職制と合わせるためだ。ときどき、教育のためと若手を5Sリーダーに、心配だからとメンバーに課長を入れた組織を見る。すると、他のメンバーがリーダーのいうことを聞かない、もしくはリーダーが指示を徹底させるために多くの労力をかける、結局課長の指示となるなど、組織活動が空回りする。指示命令系統の逆転は致命的だ。5Sは組織的な活

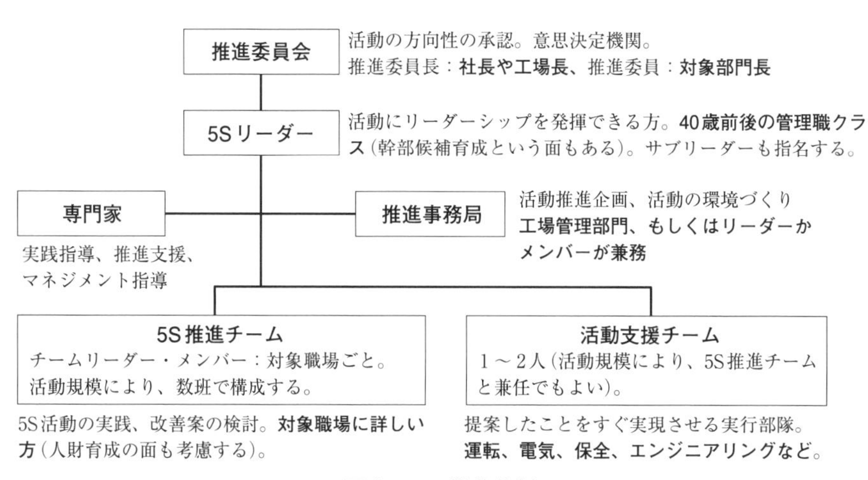

図表 1.2　推進体制

動なので、現状の組織体制に準じる。また、5Sリーダーは活動終了まで同じにすること。5Sリーダーが変わると活動の勢いがなくなる。

活動支援チームは実行部隊をあらかじめ指名する。基本的に改善実行は5Sメンバーだが、自分達でできない改善作業（保全部門や外注作業）も発生する。それらを迅速に実行するためだ。あらかじめ実行部隊を組織体制に組み込んでおくと、改善がスムーズに進む。

1.3.7　活動対象

対象工程か対象外の工程を書く。できるだけ対象外を設けないほうがよい。ただし、設備更新を大規模に実施する場合、そのエリアは対象外でよい。

1.3.8　活動推進条件

5S活動の原則を書く。活動中に問題が発生したとき、原則に立ち返って判断できる。例えば、現場が主役である、メンバー全員参加する、安全はすべてに優先する、改善活動は5Sに一本化するなどである。過去に組織的な活動での反省点があれば加えておくと未然防止になる。

1.3.9　チーム行動指針

5Sリーダーがメンバーに取ってほしい行動や苦手としていて克服したいことなどを書く。多くの工場の大会議室には企業や工場の行動指針が掲示されている。私はそれを読むのが楽しみにしている。特に心に残ったのが三菱ガス化学である。三菱ガス化学の行動指針（理念）は指導する側として、そうであってほしいという想いが込められたよい指針である。肌触りのよい言葉ではなく、プロジェクトで苦労した人でないと作れない本物であると感じた。

以下、三菱ガス化学のホームページ[2]より引用する。

> プロフェッショナル集団として、一人ひとりが頼りになるプロフェッショナル集団をめざします（プロフェッショナルとは、信頼できる高い知識と能力、強い責任感の持ち主のこと）。
>
> ①　変化を恐れぬ勇気
>
> 現状に甘んずることなく、新しいことに挑戦し、習慣を打ち破る勇気を持とう。周囲の変化に応じて自分を変えるだけでなく、よりよい状態に向けて、自らが環境を変えるほどの強い勇気を持とう。
>
> ②　高い目標への挑戦
>
> 常に自分自身により高い目標を課し、その目標に挑戦する意欲を持とう。
>
> ③　目標達成への執念
>
> 掲げた目標を達成し、成果を上げるまでは強い執念で何がなんでもやり抜こう。
>
> ④　共感を拡げるコミュニケーション
>
> 互いに信頼し目的を分かち合い、ともに協力するために、コミュニケーションの輪を拡げよう。

想いを言葉に表すのは難しいが、リーダーの想いを込めた行動指針をぜひつくってほしい。

1.3.10　活動期間

活動期間は、いつから、いつまでなのかを書く。活動期間は短いと社員に負荷がかかるし、長いとモチベーションが維持できない。私の指導経験から、まず1年間が妥当だと考えている。ただし、定着まで3年はかかる心積もりでいてほしい(1年で終わりではない)。

1.3.11　承認

活動企画書は5Sリーダーが中心となって作成し、幹部に承認をもらう。

活動企画書に書くべき項目は以上である。厳し過ぎる目標、無理な期間と頻度、無理な人員、周囲の協力が得られない中での5S活動は失敗の確率が高くなる。適切な目標、適度な期間、優秀なリーダー、専門家や事務局がそろった組織の支援体制など、5S活動をいかに運営するかが重要になる。活動企画書のできで成否が決まるといっても過言ではない。活動企画書をよく検討し、幹部の承認を得てほしい。次にキックオフミーティングを企画する。

1.4　キックオフミーティングの進め方

多くの企業において新たに何かしら活動を始めるときはキックオフミーティングを開催することが多い。キックオフミーティングの目的は、活動の目的と重要性及び方針を関係者全員が共通認識し、活動の開始を宣言することにある。

過去に5S活動に取り組んだ工場は多い。過去の5Sが自然消滅した、定着しなかったなどの背景がある場合、関係者の中には「また5Sか……うまくいかないんだよな」と5Sに否定的な人や抵抗感を持つ人がいる。

2度目、3度目の5Sが失敗したら、関係者に精神的、物理的なダメージを与える。「失敗を個人のせいにしない」と会社は言うが、関係者の評価は下がる。「目標を下回ってもいい」と会社はいうが、数値が一人歩きし、目標未達になると失敗したと判断される。

だからこそ、5S活動は絶対に成功させなければならない。5Sは人と組織を成長させる。成功体験が大きな自信となり、今後、より大きな目標にチャレンジする動機づけになる。5S活動を成功させるために本気であること、工場一丸となった活動であることをキックオフによって内外へしっかり示そう。

【キックオフミーティングの式次第例】

開会挨拶	推進事務局
活動の主旨及び体制紹介	5Sリーダーかメンバー（活動企画書の内容説明）
チーム決意表明	5Sリーダー
推進委員挨拶	各推進委員
推進委員長訓示	推進委員長
閉会挨拶	推進事務局

キックオフの出席者は工場の幹部、管理職、場内協力会社、本社の関係部門などできるだけ多くの関係者を呼ぶ。5S活動がやりやすくなるし、関係者に支援してもらうきっかけともなるからである。

1.5　5S教育の進め方

1.5.1　集合教育の必要性

(1)　自主性の育成

多くの工場では管理職による5Sパトロールを実施している。5Sパトロールは必要な活動の１つであるが、問題箇所を指摘して、現場にやらせるだけ(指摘型の 5S)では限度がある。そういう現場の社員に「なぜそのような指摘をされたと思うのか？」と聞くと「汚いから？」「見栄えが悪いから？」と少しずれた回答が返ってくることがままある。「指摘型の5S」はいわないとやらない、受け身の現場ができあがる。社員は現場のことをよく知っている。5S パトロールに加えて、自分達で問題点を考えさせる、社員の自主性を延ばす教育を取り入れるとよい現場ができる。自主性を伸ばす教育は難しいが、できるだけ社員が主体的に活動するよう教える必要がある。そのためには集合教育で、Know Why(なぜそうするか)を教えるべきである。Know Why は各論で紹介する。

(2)　社員の教育の均質化

5S は全員参加で進めるのが前提である。5S の阻害要因として抵抗する社員の存在(抵抗勢力)がある。「今まできちんとものづくりできているのだから 5S は必要ない。きれいにするだけの 5S は時間のムダ」と思っている社員である。新入社員や人事異動してきた社員も抵抗勢力になりえる。抵抗勢力が全員参加の 5S を阻害する。せっかく 5S を進めても抵抗勢力が元に戻そうとするのである(故意でなくとも)。

抵抗する社員には 5S の知識(なぜそうするのか)が欠けていることが多い。5S の内容はそう難しくない。教えられれば理解できるはずである。とはいえ抵抗勢力だけ教育すればよいというわけではない。5S を進めたい人とやりたくない人、あるべき姿が高い人と低い人といった個人間でのギャップの差は当然ある。個人間のギャップを埋めるのは班ごと、社員ごとに教育するより、集合教育で同時に実施したほうが効果的である。集合教育の本質は社員の 5S 教育のバラツキをなくす均質化だろう。

また、知識だけでは 5S は進まない。スポーツはルールを覚えるのが最低条件だが、ルールを覚えても上手くならない。スポーツには練習が必要なのと同様に、5S は集団での訓練が必要である。そのためには集合教育によって個人や班ごとのレベル差を均質化させ、底上げしなければならない。そして、自分達で訓練できるように、訓練方法を教える実習が必須である。

(3)　教育の効率化

5S用語の定義やチェックリスト、各種基準などは工場で統一しなければならない。課や係でバラバラに進めるわけにはいかない。体系的に進めないと社員が混乱する。

社員全員に均質な教育を行う必要があるのだが、どのように実現させるかは悩むところである。生産しながらで交代勤務があると教育計画を考えるだけでも大変である。教育にはコストがかかる。マンツーマンの教育効果は高いがコストが高くつく。ある程度のまとまりで集合教育を計画するほうが現実的である。

理想は生産を止めて全員参加である。20名程度の工場であれば可能だろう。それ以上の人員になると係単位で5S教育を受けるモデル職場をつくって、モデル職場全員参加型の集合教育により、5Sを進めていく方法が堅実だと考えている。

(4)　講師(専門家)

集合教育を担当する講師選びは重要である。5Sの指導実績があり、よい評価を得た方が社内にいれば任せる。ただし、社内講師と事務局は別々の社員にすべきだ。参加者は社内講師の指導に従ってもらわなければならない。講師が雑多な仕事をしていると、なかなか指導に従ってもらえなくなる。講師が同じ社内の社員だとメンバーに「ならおまえやれ！」といわれがちだとか。講師には箔付けが必要だ。

指導経験がない素人の社員に一から勉強させて講師を任せるのは止めるべきだ。勉強する時間、資料作りの時間といった余計なコストがかかる。年収の高い素人に講師をやらせるのなら、指導実績、教育プログラムがある外部の専門家に指導を頼むほうがよい。外部の専門家を呼ぶと幹部の本気が伝わる。私はよく管理職から「私も 5S の指摘をするが、なかなかやってくれない。だけど、先生(社外専門家)のいうことはよく聞きますね」とたびたびいわれた。社外専門家をうまく活用して 5S 活動を円滑に進めてほしい。

5S 教育は座学だけでなく実習が必須である。実習を行うには講師 1 人に対して 20 名程度に制限しないと講師の目が行き届かない。よって参加者 40 人であれば講師が 2 コマするか、講師を 2 人にするか考えねばならない。

1.5.2　活動スケジュール

1 年目の集合教育は 1 月に 1 回。1 回につき 6 時間程度は必要である。加えてメンバーだけで活動する自主活動時間が週に 1 時間以上必要である。

(1)　集合教育の時間割例

以下に集合教育の時間割例を示す。

【集合教育の時間割例】

9：00－10：30	進捗確認：自主活動の進捗の確認と検討を行う。
10：40－12：00	講義：5S の知識、現場のあるべき姿を教える。
13：00－14：00	実習：あるべき姿と現状のギャップを考える。
14：10－15：00	実習の発表：理解度を確認する。
15：00－16：00	活動計画立案：1 カ月間の自主活動計画をメンバー自身で立てる。次回会合の最初に進捗を報告する。

(2)　集合教育の年間活動スケジュール例

集合教育の頻度だが、間隔が短いとメンバーが大変であるし、間隔が長いとメンバーのモチベーションが下がる。初年度は月１回の集合教育がちょうどよい。

以下に集合教育の年間活動スケジュールの例を示す。

【集合教育の年間活動スケジュール】

準備月	活動企画立案：推進体制、キックオフの企画（第１章）
１月目	キックオフ、5S概論（第２章）
２月目	整理：赤札作戦（第３章）
３月目	整理フォロー、整理の基準づくり
４月目	整頓：線引き、看板、３定、ストライクゾーン（第４章）
５月目	見える化（整頓その2）：色別管理、一発整頓、コンビニ化（第５章）
６月目	整頓フォロー：整頓の基準づくり。報告会の構成（第６章）
７月目	中間報告会：集合教育はなし。午前：予行演習。午後：本番
８月目	清掃：清掃しやすい環境づくり、汚れない工夫（第７章）
９月目	清掃フォロー、清掃の基準づくり
10月目	清潔：評価基準づくり、イベント企画、身だしなみ（第８章）
11月目	躾（しつけ）：誰が、誰を躾け、何を守るか（第９章）
12月目	清潔・躾フォロー、清潔・躾の基準づくり。報告会の構成、来期に向けて（第10章）
最終日	第１期報告会

集合教育の日にちは準備月のうちにできるだけ決めてしまう。メンバー全員が集まれる日は直前になるほどなくなってくる。早いほど日程を確保しやすい。決めた日程は工場や事務所の行事として登録し、他の行事を入れないように配慮してもらう。

1.6　活動企画の実習と次回までの課題

集合教育で行う実習の内容と自主活動における必須項目を紹介する。

1.6.1　実習　その1

自己紹介する(1分以内／人)。

- 名前、所属、出身地、趣味
- 今一番興味があること、興味深かったこと(プライベートでも仕事でもOK)
- 5S活動で学びたいこと、意気込み、決意

1.6.2　実習　その2

1)　活動企画書を作成する。

2)　キックオフの企画を立てる。

この実習に限り、リーダーと事務局で取り組めば十分である。作業員の業務範囲ではない。もしこの場に作業員がいれば、この実習は飛ばしてかまわない。

1.6.3　自主活動計画立案

本章の内容に対する活動計画をメンバー自身で立てる。次回(1カ月間程度)までに自分達で「何をするかのリストをつくり、誰が、いつまでに」を決める。次会合の最初に進捗を報告してもらうので、チームリーダーは進捗を把握しておくこと。

【自主活動計画における必須項目】

- 活動企画書を幹部に承認いただく。
- キックオフミーティングを準備する。

第2章

5S概論

2.1 5Sは工場の基礎である

私は化学、金属、成形など素材、装置工場のコスト削減を指導している。工場のコスト削減は省エネルギー、歩留り向上、省力化、工程の稼働安定化などがある。それらのコスト削減を指導していて、やはり5Sが基礎であると実感する事例は少なくない。典型的な事例を1つ紹介したい。

【省力化・作業改善活動での事例】

製品の充填工程において、作業場所が狭くて作業しづらいというメンバーのコメントがあった。晴れの日はモノを場外に出すのでまだマシだが、雨の日は構内にモノを入れたまま作業せざるを得ず作業時間が余計かかる。そこで現地に行ってみると、梱包資材、仕掛品、台車やラックなどモノがとても多い。ロッカーの上には備品や資材が、ロッカーの前にはラックがあり、ロッカーがすぐに開かない状態であった。柱の影に工具のチョイ置きもあった。

この状態では5S → IE(industrial engineering／インダストリアル・エンジニアリング)の順番で作業改善に取り組むほうがよい。この職場は5Sの整理、整頓を指導しただけで作業時間が短縮し、安全に作業できるようになった。個別の問題解決手法より、5Sの実践からという事例であった。

図表2.1に工場の改善手法を示す。工場の改善手法はコスト削減プログラムと現場力強化プログラムの2階層に分かれている。現場力強化プログラ

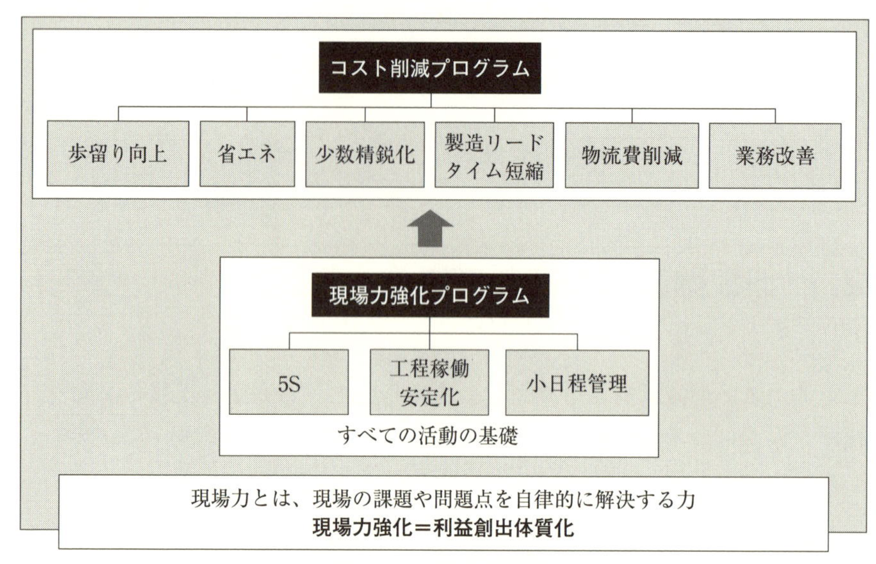

図表 2.1　工場の改善手法

ラムは、5S、設備の工程稼働安定化、小日程管理の３つである。

工程稼働安定化はチョコ停や慢性不具合といった設備トラブルの改善である。設備トラブルは復旧の労力、原料のロス、エネルギーのロス、稼働率の低下などさまざまなムダを生じさせる。小日程管理はマシンタイム、マンタイムといった標準時間の設定、生産計画による人員配置といった管理である。小日程管理ができていないと工数と製造リードタイムが読めないため、省力化、リードタイム短縮、在庫圧縮などの改善がやりにくい。工程稼働安定化も小日程管理も5Sと同様に、１つの打ち手で多くの有形・無形の効果が得られるので、工場改善の基礎と位置づけている。

5Sといった工場の基礎的なことができないようであれば、歩留り向上、省エネルギー、少数精鋭化など、より難易度の高い改善が見込めない。急がば回れである。どのようなことにも基礎は存在する。例えばスポーツで基礎を軽視して本番に臨めば不様な結果になるだろう。優秀なアスリートほど基礎練習を重視すると聞く。

【基礎→応用→本番と進む例】
例1) 野球
ストレッチ、ランニング(基礎)→打撃練習、ノック(応用)→試合(本番)
例2) 管楽器
ロングトーン、スケール(基礎)→合奏(応用)→演奏会(本番)

5S活動においてコスト削減目標や削減時間目標などを設定し、定量効果を求める方がいる。5S活動により有形、無形効果が出るのは間違いないのだが効果金額を算出するのは難しい(算出できるかもしれないが効果金額の算出に時間を割くのであれば5S活動の時間をとってほしい)。

野球であれば「ストレッチやると打率がどれくらい上がるのか」と聞かれても困るだろう。ストレッチは絶対に必要だが、それを打率に換算するのは難しいのと同様である。5Sは万能でないけれども、工場に必要不可欠な活動である。定量効果がないからやらないではなく、多くの日本の工場が実践してきた5Sの実績を信じて「5Sは工場の基礎である」という信念を持って取り組んでほしい。

2.2 5Sとは

2.2.1 5Sの定義

5Sとは、整理(Seiri)、整頓(Seiton)、清掃(Seisou)、清潔(Seiketsu)、躾(しつけ:Shitsuke)の頭文字Sをとった、5つのSのことをいう。

5Sの意味

① 整理とは、不要なモノを捨てること。5S活動では、赤札作戦、捨てる基準づくりを行う。
② 整頓とは、すぐに取り出せるようにすること。5S活動では、看

板作戦、線引き作戦、見える化などを行う。
③　清掃とは、常にキレイにすること。5S活動では、清掃マップ、清掃の省力化、源流対策などを行う。
④　清潔とは、整理・清掃・整頓(3S)を維持すること。5Sイベントの企画を行う。
⑤　躾とは、決められたことを守ること。5S活動では守るべきことを確認し、どう守るか工夫づくりをする。

5Sの意味は覚えること。最低限の知識がないと改善活動に取り組めない(この後、各論で紹介する)。また5S以外に類語があるので知識として知っておいてほしい。

以下のようなものである。

4Sは躾を除いた、整理、整頓、清掃、清潔である。

3Sは躾と清潔を除いた、整理、整頓、清掃である。

整理、整頓、清掃の3Sが基本となり、清潔を加えて4S、さらに躾を加えて5Sと覚えてもよい。一般的に、2S、1Sという表記は使わない。建設現場では2Sではなく「整理、整頓」と直接表記してあり、よく使われている。また、他のSを加える会社があったり、新5Sと命名したりと、業界や指導者の思いでたくさんの枝分かれがある。

有名なのは日本電産の6S(5S＋作法)である[3]。以下、日本電産のホームページより引用する。

3Q6Sは日本電産社員の行動規範として、日本電産グループ全社で推進しています。3Qとは、良い社員(Quality Worker)、良い会社(Quality Company)、良い製品(Quality Products)を表し、6Sは一般的な5Sに“作法”をプラスした“整理、整頓、清掃、清潔、作法、躾”を表します。

日本電産の創業者である永守重信氏はたくさんの工場を改善していく中で、作法の大切さに気づき、6S としたそうである。永守氏は 3Q6S を工場評価のモノサシとして買収した会社を経営改善している。

さらに 7S とは、5S に洗浄と殺菌を加えたもので、食品衛生関連の工場で使われている。いろいろな○S があるが、あなたの所属先の○S があれば、それを実践すればよい。これから活動するのであれば、3S や 4S でなく一歩進めて、5S をお勧めする。5S が最も完成された美しい姿だと思うし、製造現場では 5S が最も使われている実感がある。

2.2.2 5S の効果

5S は工場の基礎である。とはいえ、闇雲に取り組むのではなく、目的を意識すべきであるのは明白だ。5S に取り組む目的はある。主たる目的は「ムダを取る」もしくは「ムダを見えるようにする」ことである[4]。改善の進め方で悩んだときは目的に立ち返ると判断しやすい。ぜひ「ムダを取る」という目的を念頭に置いて改善に取り組んでほしい。

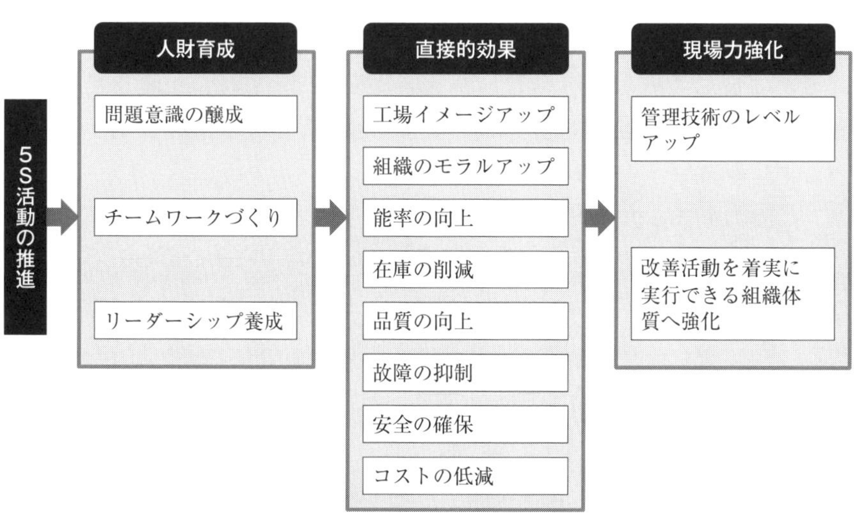

図表 2.2 5S 導入の効果[5]

図表2.2に5S導入の効果を示す。「ムダを取る」をもう少し細分化した効果とそれ以外のさまざまな効果がある。5S活動に取り組む動機づけになるだろう。

(1)　現場力強化

工場は製品をより品質良く、より安く、より早く生産すること（管理技術）で競合他社に勝たねばならない。顧客の要望や新製品に対応する必要もある。現状維持は停滞である。工場を改善して生き残るためにも現場力（現場の問題を自律的に解決する能力）を強化しなければならない。その手段として5Sが最も適している。最初は簡単な課題からだんだんと難しい課題へチームで解決していくのが5Sだからである。

(2)　直接的効果

①　工場のイメージアップ

工場運営上、外部の方に工場を見せざるを得ないことがある。顧客、役所関係、原料資材の納入業者、工事業者、運送業者など、さまざまな方が訪れる。汚い工場と5Sが行き届いた工場、どちらが好感をもたれ信用されるかは自明である。5Sにしっかり取り組んでいれば、工場を見た顧客や関係者が現場を見て安心する。すると信用という無形の資産が積み上がっていく。

②　組織のモラルアップ

モノが多い雑然とした工場から、不要なモノがないスッキリした工場に変わる。モノを探すというムダがほとんどなくなり、社員にゆとりが生まれる。躾によりルールを守る社員が増え、モラルやマナーがよくなる。社員が快適に気持ちよく働ける。

③　能率の向上

探すムダがなくなり、作業時間が短縮する。生産リードタイムが短くなり、納期が短縮する。

④　在庫の削減

不要な在庫や過剰な在庫がなくなり、見つからずまた買うというムダがなくなる。在庫品は定量管理によって、必要な数量だけ買うようになる。

⑤　品質の向上

原料経路の清掃によって製品に混入する異物が減る。設備作動部の清掃により加工精度不良が減る。部品の見える化により異種部品の組付けミスが減る。

⑥　故障の抑制

清掃により異常に早く気づけるようになり壊れる前にメンテンスできる。錆や腐食を塗装することで設備を長く使うことができる。

⑦　安全の確保

線引きにより通路や作業エリアの確保ができる。床上の清掃により油や水で滑ることが減る。安全ルールを守るようになる。

⑧　コストの低減

上記の改善によりコストが低減される。特筆すべきことは、工場ではコスト低減のために多額の設備投資を必要とすることが多いが、5Sではあまり費用がかからず費用対効果の高い改善になることである。

(3)　人財育成（人は価値ある財産）

改善の出発点は「これは問題である」と思うことから始まる。社員に「あるべき姿はこうだよね。現場はどうなっている？」と発問する。指摘するより自分で気づいてほしいので、答えがわかっていてもあえて聞くのである。すると問題意識が芽生える。問題意識が醸成されると改善しようと行動を起こす。社員は個人的に5Sに取り組むと抵抗されることが多い。したがって、チームを組んで改善に取り組んでもらう。するとチームワークがよくなる。当然、リーダーのリーダーシップがより磨かれていく。こうして人財が育成される。

「ものづくりはひとづくり」であるから、5S活動に取り組むことで、工場の財産になるような人財が育成できる。社員を優秀な人財に育てることを目的に5Sを導入する会社もあるくらいだ。

以上、5Sは工場の基礎となる活動であり、さまざまな効果が発生する。ぜひ全社一丸となって取り組んでほしい。

2.3　5Sは個人にも応用できる

日本の製造業は、世界に誇る高品質を確立している。高品質で利益を出すためには、コスト削減努力があり「5Sは工場の基礎である」をモットーに、5Sに熱心に取り組む文化がある。

工場では5Sにより、決められたことを守り、当たり前のことを当たり前のようにやる人財を育ててきた。そして、製品の品質を高め、コストを削減し、儲かる工場にしていったのである。

この5Sの考え方は、製造業だけにとどまるものではない。一般の個人でも、強い製造業をまねて5Sを徹底すれば、節約ができ、家計を強固なものにできる。平たくいえば、片づけ＝整理・整頓を個人に応用すれば、お金が貯まる。

片づけは、お金のコントロールを洗練させる技術である。片づけの技術は、人生の基本能力であり、パソコンでいうWindowsのようなOSといってもよい。片づけを始めると、これまで自分が買ってきたモノと向き合うことになる。

すると、使っていないモノやすでに必要のないモノなど、いらないモノがあきらかになる。すなわち、ムダが浮かび上がってくる。ムダに気づくことができれば、今後、不必要なものは買わなくなり「買い物力」がアップする。そうすれば、支出も減るので、当然、お金が増えることになる。

「片づける→ムダに気づく→買い物力が上がる→支出が減る→お金が貯まる」というルートをたどることになる。

私自身も、工場の5Sの手法を応用して、個人で片づけを実践することで、お金が貯まり、人生も豊かになってきた。しかも、片づけによって単に支出が減るだけでなく、思わぬ波及効果が生まれた。

私が自宅で最初に手をつけたのは、机まわり。いつも机をキレイに片づけておくことにより、集中して勉強できる環境を確保できるようになった。この環境のおかげで取得した資格は、合計で 25 個。これだけ資格を持っていると、「自分には継続力と計画性、本質をつかむ力がある」と自信がつく。この成功体験と自信を武器に、エンジニアからコンサルタントへ転職し、年収増へと結びつけた。

さらに、机まわりがきちんと片づいているので、家計簿づけを習慣化できた。ただでさえ面倒な家計簿は、ぐちゃぐちゃに乱れた机の上では、継続できない。家計簿を継続し、ムダな支出を考える習慣が、貯金増という結果をもたらしたのは、いうまでもない。

貯金増も収入アップも、すべて片づけから始まっている。片づけは、豊かな人生へと導くキラーパスである。5S を個人の片づけに置き換えると、次のようになる。

貯金増や収入アップにつながる個人の片づけ

- **整理**

　不要なモノを捨てること。生活のムダが見つかり、ムダな買い物が減る。

- **整頓**

　すぐに取り出せるようにすること。モノを探す時間が減り、自分の時間が増える。

- **清掃**

　常にキレイにすること。モノを磨くと不具合が早く見つかり、モノが長く使える。

- **清潔**

　整理・整頓・清掃を維持すること。身だしなみを清潔にすること。

残ったモノを通して、自分の夢や目標を醸成する。

・躾

決めたことを守ること。片づけと節約の習慣を身につけ、5Sレベルを上げる。貯金が増えていく。

個人の生活に5Sの考え方を取り入れれば、お金が貯まるだけでなく、シンプルライフの実現や、夢や目標の達成も可能になる。詳細は私の著書『金持ちになる人の財布、貧乏になる人の財布』を読んでほしい[6]。個人向けの5Sの本である。5Sを学ぶことは仕事も個人の生活も質を上げることにつながる。ぜひ勉強するといい。

2.4　定点撮影方式

2.4.1　定点撮影方式の進め方とメリット

5S活動では定点撮影方式を使う。定点撮影方式とは改善前後を撮影し、5Sの進み具合を写真で確認する方式をいう。改善内容は口頭で説明されるより写真で見たほうがよくわかる。

定点撮影方式では定点撮影チャート(図表2.3)を使う。写真は改善前(第1段階)→改善中その1(第2段階)→改善中その2(第3段階)→改善後(第4段階)を基本とする。第2段階や第3段階で改善が完了してもかまわないし、第5段階以降を続けてもかまわない。柔軟に対応してよい。なお、図表2.4(pp.28～29)に4段階・定点撮影チャートの記入例を示す。

定点撮影方式は改善の変化点が対比できなければならない。よって、写真は同じ構図、撮影のタイミングは改善の変化点(改善の一区切り)となる。同じ構図とは改善対象に対して、同じ高さ、同じ方向に揃えることをいう(定点撮影ともいう)。改善の変化点では、何を目的に改善したか(特色)、次に何をするのかと感想(コメント)を入れる。コメントを入れることにより、改善のノウハウが蓄積できるし、そのまま報告資料として活用できる。

5S活動では改善後に関係者に連絡しなければならないことがある(例えば掃除機や台車の置き場所を変えたらそれらを使っている他班に連絡する必要がある)。文章で申し送るより定点撮影チャートをそのまま使ったほうがわかりやすい。定点撮影チャートは同じ職場の社員や上司と情報共有に使える。また他職場の人にノウハウを水平展開しやすい。

定点撮影チャートは5Sの進み具合を時系列で確認できる。特に改善の間隔があいた場合、その理由を聞いてみると、そこに苦労した点があるかもしれない。苦労したことをコメントに書かない社員が多いので、深堀りすると気づきが生まれる。

定点撮影チャートの作成は手間と感じる人がいるかもしれない。これは、写真をパソコンに取り込んでエクセルやパワーポイントに挿入すればよい。パソコン初心者は難しいと感じるようだが、慣れれば問題ないだろう。

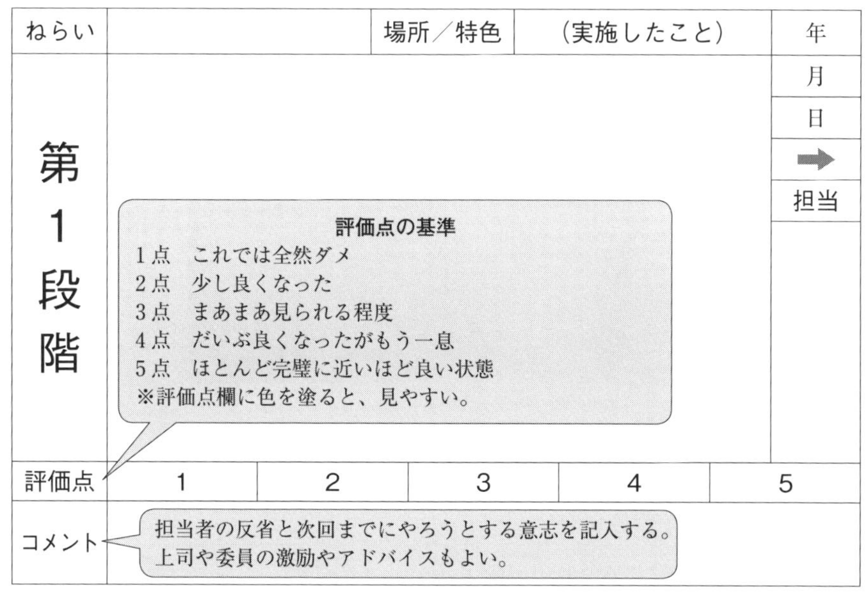

図表2.3　定点撮影チャート

ねらい	使いやすい場所へ	場所	酸化チタン中2階	2017年
第1段階				2月 14日 ➡ 担当 原口
評価点	1	2	3	4	5
コメント	不要な薬剤が長期間にわたり放置してある。				

特色	整頓後に清掃して磨いた			2017年
第4段階				3月 7日 ◆ 担当 宮野
評価点	1	2	3	4	5
コメント	流し台にはモノを必要なものだけしか置かないようにした。 研磨剤入り洗剤で磨いたがまったく落ちなかったので、サンドペーパーで一気に磨き上げた。				

昭和電工セラミックス㈱　富山工場

図表2.4　4段階・定点撮影

特色	赤札作戦を実施した				2017年
第2段階					2月 15日 ⬇ 担当 原口
評価点	1	2	3	4	5
コメント	ほとんど不要なものだった。				

特色	不要品を撤去した				2017年
第3段階					2月 23日 ⬅ 担当 原口
評価点	1	2	3	4	5
コメント	不要品は撤去したが定位置管理ができていない。 シンクが汚れて汚く見栄えが悪い。				

チャートの記入例

2.4.2　定点撮影チャートの管理方法

定点撮影チャートは5Sの進捗管理として使う。第1段階の枚数、完了枚数、進捗率の3つを毎月報告してもらい、事務局は記録しておく。

第1段階は実習や自主活動で撮影した写真のうち改善すると決めた枚数。目標枚数として1職場あたり、1年間で100枚以上を推奨している。5S活動を開始した状況では、改善の質より量を求める。5Sは訓練して身につける必要がある。量稽古により数をこなす。ただし、今の段階で100枚以上用意するというわけではない。5S活動を進めるうちに第1段階の枚数(改善すべき箇所)が増えていくはずである。

完了枚数は改善が完了した定点撮影チャートの枚数である。1カ月に10枚改善すれば、1年で120枚になる。1年で100枚以上という目標は十分達成可能だ。

進捗率＝完了枚数／第1段階の枚数。最終報告会における目標進捗率は80～90%を推奨する。進捗率は中間と最終の報告会で発表してもらう。毎月の教育で進捗率が前月と変わっていないチームがあった場合、5S活動において問題が生じた可能性が高いので、理由を確認しておく。

2.4.3　5S活動時間の見える化

5Sが進まない理由の1つに「社員に5Sを実行する時間を与えていない」がある。空いた時間に活動するという建前になっているが、そもそも自分の仕事を持っていて、残業している社員が多いのに時間が空く社員なんているのだろうか。

5Sは個人活動では限界がある。職場全員が参加して一緒に5S活動を進めなければならないのだが、社員の空いた時間をタイミングよく一緒に取ることが可能なのだろうか。その判断ができる管理職がいるのだろうか。社員に空いた時間に活動させる5Sはまず進みが悪い。5S活動途中で停滞し、活動が止まる。

私は「空いた時間に5S活動する」という主張は空論であると考える。

チーム メンバー	1月				2月				3月
	第1週	第2週	第3週	第4週	第1週	第2週	第3週	第4週	…
佐藤	1	1	1	1					
鈴木	1	1	1	1					
山田	0.5	1.5	1	0					
林	0	2	1	1					
合計	2.5	5.5	4	3					
参加率	63%	138%	100%	75%					
月平均	94%								

図表 2.5　5S 活動時間の見える化

5S を定着させるためには、活動開始から 3 年間は 5S 活動の時間を 1 週間に 1 時間以上を事前に確保すべきだ（自主活動時間）。管理職は 5S の日と時間を決める（例えば毎週金曜日 16～17 時と決めてしまう）ことで社員が 5S に取り組みやすい環境を作らねばならない。管理職は生産計画を含めて、5S 活動の優先順位を上げる判断をしてほしい。

5S 活動時間の確保が、5S の成否をわけるといっても過言ではない。そこで 5S 活動に参加しているチームは活動時間を記録してほしい（図表 2.5「5S 活動時間の見える化」）。表のチームでは 1 週間に 1 時間と決めたので、1 月の 1 週目に佐藤さんが 5S 活動した時間を 1 時間と記録している（30 分単位でかまわない）。4 人のチームなので 1 週目は合計 4 時間のはずだが、2.5 時間しか活動できなかったので、参加率＝2.5/4＝63%となった。

2.5　5S 概論の実習と次回までの課題

実習では定点撮影チャートの第 1 段階（改善前の候補）をデジタルカメラで撮影する。ここは改善したいという場所でかまわない。撮影場所は自分の職場とし、時間が余れば共通場所も撮影する。他の職場は撮影しない。撮影者＝発表者とする。カメラ 1 台に 3～4 人がよい（人数が多いと遊ぶだけ)。実習は1時間とし、移動も含めて迅速にテキパキ行動し、指示された時刻までに会場へ戻ってくる。

まだ具体的な改善視点を教えているわけではない。今回の実習では現状の問題意識の範囲で、定点撮影チャートの作り方を学ぶという目的で取り組んでほしい。

2.5.1　実習のポイント

(1)　撮影のコツ

- 改善対象は近づいて撮影する。棚なら全体ではなく1段ごと。机なら全体でなく引き出しごと。全体を撮影すると対象が小さくて改善内容が伝わらないし、全部終わるまで時間がかかり、進みが悪く感じ、モチベーションが下がる。
- 写真がブレないように、シャッターを押すときは脇をしめて、息を止める。
- 工場内は暗いので、基本的にストロボをたく。
- 逆光は避ける。写真が真っ暗になる。
- 構図は横位置とする。縦位置だと定点撮影チャートにあわない(したがって、カメラを縦にしては撮影しない)。

(2)　ブレインストーミングを取り入れる

ブレインストーミングの精神(批判禁止、質より量、自由奔放、結合OK)でとにかく、たくさんあげてから削っていく(「ブレインストーミングの基本的なルール」については、3.2.3項参照)。

- 判断禁止：迷ったら撮る。
- 自由奔放：楽しく。批判しない。
- 質より量：最初は撮影枚数が大切である。数をこなして訓練する。
- 結合の改善：アイデアを発展させる。これがあるならあれも。

2.5.2　発表のポイント

撮影した写真をプロジェクターに映し、なぜ撮影したのか、どう改善するかを発表する。前向きに、積極的に行う。恥ずかしいという気持ちは捨てる。「なぜ今までできなかったんだ！」といった類の発言は厳禁とする。発表は 10 分／班とする（チーム数と残り時間で発表時間は調整する）。

2.5.3　自主活動計画立案

本章の内容に対する活動計画をメンバー自身で立てる。次回（1 カ月間程度）までに自分達で「何をするかのリストをつくり、誰が、いつまでに」を決める。次会合の最初に進捗を報告してもらうので、チームリーダーは進捗を把握しておくこと。

【自主活動計画における必須項目】

- 実習の写真をもとに定点撮影チャートを進める。

実習で撮影したからといって必ず改善する必要はない、改善しないと判断してもかまわない。改善すると判断する場合、この写真を第 1 段階として定点撮影チャートを作成する。

第3章

整理

3.1　整理とは

整理とは不要なモノを捨てることである。なぜ不要なモノを捨てるのであろうか？　捨てることは手段であって目的ではない。捨てることによって、どういう状態にするのか、工場のあるべき姿は何だろうか、そこに整理の目的がある。

整理の目的は工場にあるモノを、工場で使うモノだけにすることである。工場を使うモノだけにするために(目的)、不要なモノを捨てるのである(手段)。モノが一杯だと「使うモノ」がどこにあるかわからない。どこにあるか探す時間が増え、見つからずまた買うというムダなコストが発生する。不要なモノを捨てると「使うモノ」が現れ、使いやすくなる。捨てることは「もったいない」ことではなく、捨ててこそ「使うモノ」が活きる。整理すると現場がすっきりし、ストレスなく生産活動に取り組める。

ちなみに5Sとは整理、整頓、清掃、清潔、躾であるが、5Sに取り組む順番はこの並びのとおりである。モノが多いと整頓、清掃が大変である。不要なモノまで整頓、清掃するムダが出る。そのため、整理から始める。

補足であるが、通常であれば「不要なモノを捨てる」ことに取り組んでいれば(手段に意識を向けていれば)問題ない。5S活動を長く続けていると、手段が目的となってしまい、活動の趣旨を見失いがちになる。整理には目的があるということを頭の片隅に置いて取り組んでほしい。

3.1.1　不要なモノの定義

使わないモノ、使えないモノは捨てやすい。迷わないだろう。整理では

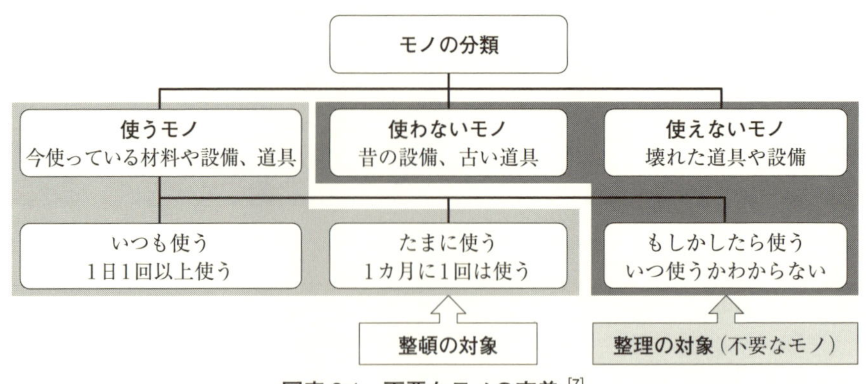

図表 3.1　不要なモノの定義 [7]

もしかしたら使うモノ」を思い切って捨てられるかどうかがポイントになる（図表 3.1）。「もしかしたら使うモノを残すと、捨てられるモノがどんどん減る。「もしかしたら使う＝ほとんど使わない」と考える。捨てて得することのほうが多い。

3.1.2　捨てる基準

(1)　期間の基準

「もしかしたら使うモノ」を捨てやすくするルールが期間の基準である。例えば消耗品は1カ月基準、工具は1年基準、設備は2年基準というように工場にあるモノをカテゴリごとに分けて期間の基準を決めていく。そして、「もしかしたら使うかも」と考えたモノに対して、期間の基準を超えていたら思い切って捨ててほしい。

(2)　数量の基準

使うモノとはいえ無条件に残すわけではない。使うモノでも数量の基準より多いものは捨てる。活動初期は例えば「1年以上の在庫があるモノは捨てる」というような原則でかまわない。活動が進むにつれ、モノごとに数量の基準が決まるはずである。

使うモノを捨てることに対して抵抗がある場合は一度に全部捨てずに半分ずつ捨てる。半分であればハードルが下がって、気分が楽になり捨てやすくなる。そのうち勢いがついて、どんどん捨てられるようになる。

(3)　法令・ISOなど守るべき基準

生産指示書、設備点検記録、製品品質検査記録など、工場で保管する期限が決まっているモノがある。それらは使わないモノであっても捨ててはいけない。また、固定資産は会計上の影響があるので、実際に捨てる判断は管理職が行う。社員は捨てるモノを提案する役割、管理職は捨てる判断をする役割である。

3.2　赤札作戦

赤札作戦とは、不要だと思うモノに赤い札を貼っていく整理の手法である。赤い札が貼ってあると、目立つので「整理の見える化」ができる。赤札の赤は工場の垢(あか)でもある。なお、赤札作戦の定点観測チャート作成例については、3.4節「整理の定点撮影チャート」を参照されたい。

3.2.1　赤札を用意する

赤札の素材は特に限定しない。目立てば何でもかまわない。安くて入手しやすい赤のガムテープがお勧めである(事務局が用意する)。貼りつける人の記名はしない。普段なかなか言えないことを気軽に表現させる。

3.2.2　赤札作戦前の写真を撮る

赤札作戦を始めるにあたり、まず現状の写真を撮影する。現状の写真は基本的に不要品とする。撮影した写真は定点撮影チャートの第1段階に貼りつけ、コメントを記入する。第2段階は赤札品の移動後を撮影する(赤札を貼っただけの第2段階は必要ない)。

以下に、赤札作戦前の写真撮影の際、目をつけるべきポイントを列挙する。

写真撮影（赤札作戦前）の視点

- 昔の設備や古い道具など使わないモノ。
- 壊れた設備や道具など使えないモノ。
- 数年分ある消耗品、人数以上にある工具など必要以上に多いモノ。
- 床、壁、設備などへのチョイ置き、職場内の落下品など、使うがこの場所に不適切なモノ。
- 古い掲示物、現状と違った操作手順表示、保管期限切れの資料。
- モノ以外にも、作業しづらい、危ない部位や場所（スペース）。

これらを机の引出しを開けて、棚の扉も開けて、工具箱も開いて、徹底的に探して撮影すること。赤札置場に集められたモノや廃棄するためにトラックに積み込まれたモノの写真は撮っておく（報告会で使う）。赤札品の多さに驚いてもらえる。

「捨てられないかもしれない」と考えずに、とにかく「現在の状態が後でわかるように」という気持ちで、ブレインストーミングの精神でどんどん撮影していく。また赤札を貼る際もブレインストーミングを活用する。

3.2.3　ブレインストーミングを順守する

ブレインストーミングとはオズボーン（Alex Faickney Osborn）によって考案された会議方式の1つ。集団思想、集団発想法、課題抽出ともいう。4つのルールだけなので、世界で最も普及している発想法である。

ブレインストーミングの基本的なルール

- 判断禁止：迷ったら撮る。
- 自由奔放：楽しく。批判しない。
- 質より量：最初は撮影枚数が大切である。数をこなして訓練する。

- 結合の改善：アイデアを発展させる。これがあるならあれも。

3.2.4　参加者を決める

基本的に自部門のエリアは自部門の担当者で行う。ただし、自部門だけだと甘くなりがちなので、他部門からも参加者を募る。また、捨てる判断ができる管理職は必ず参加する。管理職には自部門にある他部門のモノや固定資産を判断してもらう。

3.2.5　場所を決める

最終的に工場のすべてのエリアが対象となるのでどこから始めてもかまわない。迷うのであれば、1回目の場所は工場のモノの流れの最終工程近くがよい。資材が多く赤札を見つけやすし、顧客が特に注意を払う場所で、赤札作戦の効果が実感しやすい。

3.2.6　赤札作戦を実行する

工場のルールに従い、安全第一で赤札を貼る。間違って貼った場合は剥がせばよい。貼るときは心を鬼にしよう(赤鬼)。赤札作戦を一気にやるのは大変である。ある一区画を決めて1時間程度で集中して行う。赤札作戦は担当エリアがすべて終わるまで複数回実施する。

3.2.7　赤札置場をつくる

赤札置場は雨風を防ぐため屋内にする。赤札置場は、不要品(いらない)、不急品(すぐに使わないモノ)、要品(いるモノ)に区分する(表示と線引きがあるとよい)。現場に不良品置場がない場合、不良品置場をつくる。スペースに余裕があれば迷い品置場もつくる。置場所には、パレットやダンボールを用意し、移動したモノを床に直置きにしない。重量物は移動しやすいようにパレットへ置く。床が汚れそうなモノは段ボールの上へ置く。

3.2.8　赤札品を移動する

赤札が貼られたモノを現場から赤札置場に移動する。同じモノ、同種のモノは１カ所にそろえて置く。設備の部位や場所に貼られた動かせないモノはそのまま残してかまわない。不要品、不急品の判断に迷ったら、どれくらい使わなかったのかを考えて、期間の基準と照らし合わせる。それでも迷ったら、不要品とする（でないと不急品が増えていく）。

赤札品を移動すると元の雑然とした現場に対して明らかにすっきりした現場が実現する。5Sの効果が全員で具体的に共有でき、「やればできる！」という意識が生まれる。「今後も5Sに取り組んでいこう！」とモチベーションが上がるはずである。

3.2.9　赤札置場にて問題点を全員で議論する

赤札置場には赤札を貼られた問題の塊が出現する。赤札品はお金を出して購入したモノなので、これらを買わなかったら利益になっていたはずである。その問題の塊を前に、全員で議論し問題点を共有し、今後は赤札品が増えないように歯止めをかけたい。

議論した際に問題点に対して、管理職が責めたり個人の責任を追及したりしないでほしい。自由で前向きな議論をするために、幹部が率先して変革を促す発言をすることが望まれる。議論の視点は下記のとおり。

赤札品の視点

これは誰が、いつ、どこで、使っていたのか？
いつから使っていないのか？
なぜこの数なのか？（こんなに多いのか？）
赤札と判断された理由は何か？
購入時に買い過ぎをチェックする工夫はできないか？

3.2.10　赤札置場を片づける

(1)　不要品

廃却する。いざ捨てるとなると、「もったいない」「また使うかもしれない」という社員がいても、管理職は思い切って捨てる決断をする。

(2)　不急品

必要だが数年に１回使うモノは不急品置場(倉庫)に移動する。不急品が製造現場に多々あることで、とても多くのムダを発生させる。すぐに現場から取り除き、必要になった都度、不急品置場から持ってくるようにする。

(3)　要品

必要なモノであるのに赤札が貼られたのだから何かしら問題がある。問題点の解決方法を社員で議論し、今後の改善課題とする。赤札を貼ったものの参加者の思い違いで、モノを元に戻す場合は整頓して戻す。

(4)　不良品

基本的に廃却する。いつか修理や再加工して使おうと考えて、いつまでも放ってかれたモノである。何かのタイミングで良品に混じって市場に出る危険性がある。すぐに対処できないのなら捨てる。

(5)　迷い品置場

迷い品置場は捨てる基準スレスレ、捨てる基準で判断できないグレーゾーンのモノに対して、ある期間留保する置場である。そのまま残すと永久に捨てられない。すぐに捨てる勇気が出ない。そういったモノを「迷い品置場」に一時避難させる。迷い品置場には捨てる期限を必ず明記しておく。

〈赤札作戦のまとめ〉

1)　赤札を用意する

2）　赤札作戦前の写真を撮る

3）　ブレインストーミングを順守する

4）　参加者を決める

5）　場所を決める

6）　赤札作戦を実行する

7）　赤札置場をつくる

8）　赤札品を移動する

9）　赤札置場にて問題点を全員で議論する

10）　赤札置場を片づける

3.3　事務所の整理

間接部門の事務所や工場の現場事務所の整理、整頓について解説する。本章は整理であるが、事務所の個人裁量分は自分のペースで進められるので、整頓まで踏み込んでまとめておく。事務所には大別すると個人の管理下にあるモノと、みんなで共用するモノがある。

整理に取り組む順位は、以下のとおりである。

①　個人で判断できる個人の管理下のモノ(机、ロッカー、書棚など)

②　関係者が集まって赤札作戦をする共通備品・書類

共通備品、消耗品類は赤札作戦を行うが、事前に共通書類、資料の保管基準を確認しておく。点検表、生産指示書、発注伝票など保管期限が決まっているはずである。保管期限が過ぎていれば捨てられる。保管基準の一覧表がなければ作成しておくと赤札作戦が進めやすい。

以下、3.3.1～3.3.5項では、個人管理下のモノの整理・整頓のポイントについて説明する。というのも管理職の机が書類で山積み、机の引き出しはモノで一杯、部下から頼まれた資料は探す時間がかかってすぐ出てこないでは、部下に示しがつかない。管理職や5Sリーダー、事務局は個人管理下の5Sを進めて、お手本となるようにしてほしい。

3.3.1　机の上

机が片づいていると余計なモノが目に入らず、仕事しやすい環境ができる。特にデスクワークが多い社員は、机の上を常に片づけておく。机の上は特に意識して聖地と考える。机の上から出発し、文具、書類、パソコンと順番に整理を進め、片づいた領域を広げていく。机上には毎日使うモノだけ置き、帰宅時にはすべて片づいた状態にする。個人の机の上の片づけ状態をパトロール対象としている工場があった。見習ってほしい。

3.3.2　文具

文具は毎日使うモノだけを自分で所有して、他は共通文具にする。共通文具は姿置きにして、使った人はその都度、同じ場所に戻し、共用するのである(図表 3.2)。

毎日使う文具を分別するには、一度すべての文具を机の上に取り出して、当日使ったモノだけを元あった場所へ戻す実験をしてみるとよい。自分が思っている以上に毎日使う文具は少ないと気づくはずである。

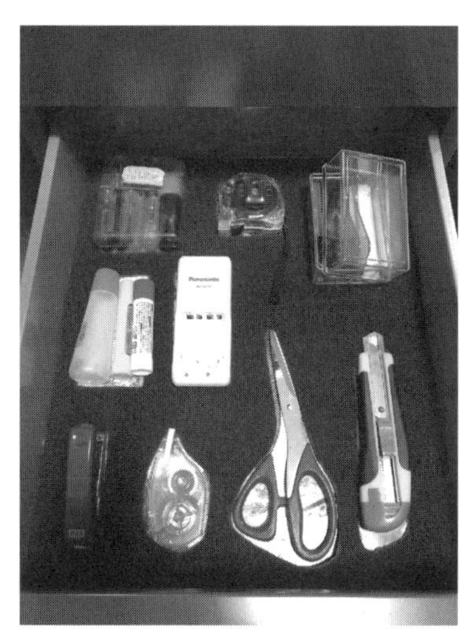

図表 3.2　共通文具の姿置き

3.3.3　書類

目標は必要なモノ(書類、資料)を1分以内に探せて、取り出せるようにする。自分の書類は自分なりに保管ルール(判断基準)を決めておく。以下に「保管ルール」の例を示す。

【保管ルールの例】

- どこかで手に入る、誰かが持っている書類は自分で持たない。
- 手元に必要な紙の資料はできるだけ電子化し、紙の資料は捨てる。近年の電子化はとても簡単だ。
- 図面や仕様書など紙で必要な資料は使って戻す際にキャビネット(机の大型引き出し)の手前側から入れていく。常に手前に入れるわけだから奥に行った書類ほど使う頻度は少ないということになる。奥の書類は大掃除のタイミングで捨てる。
- 紙の資料は廃封筒に分類して入れる。例えば、5Sの資料で廃封筒を1つ、安全の資料で廃封筒1つというように、あるカテゴリでまとめて分類する。日付を書いておくと、捨てる判断がしやすい[8]。
- キャビネット内にここからここまでは資料を入れてよい場所を作り、総量を超えたら捨てる(書類の総量規制)。

3.3.4　パソコンのファイル

パソコンのデスクトップは机の上と同じように考える。デスクトップは毎日使うファイルだけにする。デスクトップ上にたくさんのファイルがあると仕事が遅いというイメージをもたれる(頭の中が片づいていない)。特に自分のパソコンをプロジェクターに投影するときは注意しなければならない。気づかないうちに周囲の評価が下がる可能性がある。

パソコンのファイルも紙資料と同じで目標は必要なファイルを1分以内に探せるようにすることである。ファイルが探しやすいように1人赤札作戦で捨てていく。期間の基準は適用しないでよい(1年使わないデータだからといって捨てなくてよい。パソコンの保存量は十分ある）。

ファイルの整理のポイントは最新版管理の徹底である。例えば「5S 報告会」という資料をつくるとする。会議結果を反映して「5S 報告会 2-1」というように数字を付けてファイルの変更履歴がわかるようにする人がいる。次に自分用に「5S 報告会 3」で「名前を付けて保存」するものだから、同じようなファイルが増える結果になる。その結果、2-1 と 3 のどちらが最新版か内容を読まないとわからなくなり、ムダに時間がかかる結果になる。笑い話のようだが意外と多いのである。変更履歴をわかるようにしてもほとんど見ない。そういった古いファイルは最新版だけ残して捨てる。そして、ファイルは増やさず、1 つでどんどん上書きすれば、ファイルの最新版管理は楽になる。

3.3.5　割れ窓理論

「割れ窓理論」とは小さな乱れが大きな乱れにつながるという理論である。アメリカの犯罪学者ジョージ・ケリング博士（George L. Kelling）によって提唱された。彼の実験を簡単に紹介する。スラム街に車を放置した。すぐに盗まれるだろうと考えていたが、盗まれなかった。そこで、車の窓を割って放置してみたところ、あらゆる部品がすぐに盗まれた。つまり、犯罪を防ぐには、小さな乱れを抑えればよい。

割れ窓理論はニューヨークのジュリアーニ市長（Rudolph William Louis "Rudy" Giuliani Ⅲ）が 1994 年から実践して有名になった。犯罪が多発していたニューヨークにおいて、治安回復を目的に割れた窓の修理や落書きなどの消去とともに、軽微な犯罪の取締りを強化した。その結果、犯罪が大幅に減少し、落書きで有名だった地下鉄も今ではきれいな車体で安全な乗り物として親しまれている。ニューヨークのイメージが大きく変わった。

事務所でも工場でも、チョイ置きや仮置き、ゴミなどを放置すると、そこから乱れていく。「自分一人くらい」「少しくらいならいいだろう」と思わずに、割れ窓理論を意識して常に整理、整頓を意識してほしい。

3.4　整理の定点撮影チャート

3.4.1　赤札作戦：現場

赤札作戦についての解説は3.2節「赤札作戦」を参照されたい。

<table>
<tr><td>ねらい</td><td colspan="2">赤札作戦</td><td>場所</td><td colspan="2">備品置き場　1</td><td>2017年</td></tr>
<tr><td rowspan="5">第1段階</td><td colspan="5" rowspan="5"></td><td>3月</td></tr>
<tr><td>3日</td></tr>
<tr><td>→</td></tr>
<tr><td>担当</td></tr>
<tr><td>伊藤</td></tr>
<tr><td>評価点</td><td>1</td><td>2</td><td>3</td><td>4</td><td colspan="2">5</td></tr>
<tr><td>コメント</td><td colspan="6">不要物が散乱している。</td></tr>
</table>

<table>
<tr><td>特色</td><td colspan="5"></td><td>年</td></tr>
<tr><td rowspan="5">第4段階</td><td colspan="5" rowspan="5"></td><td>月</td></tr>
<tr><td>日</td></tr>
<tr><td>◆</td></tr>
<tr><td>担当</td></tr>
<tr><td></td></tr>
<tr><td>評価点</td><td>1</td><td>2</td><td>3</td><td>4</td><td colspan="2">5</td></tr>
<tr><td>コメント</td><td colspan="6"></td></tr>
</table>

社名：非公表

特色	赤札作戦を実施した				2017 年
第2段階					4 月
					21 日
					↓
					担当
					鎌田
評価点	1	2	3	4	5
コメント	赤札の多さに驚いた。				

特色	不要物を撤去した				2017 年
第3段階					4 月
					24 日
					←
					担当
					鎌田
評価点	1	2	3	4	5
コメント	かなりすっきりした。				

3.4.2　赤札作戦：試験室

赤札作戦についての解説は3.2節「赤札作戦」を参照されたい。

<table>
<tr><td>ねらい</td><td colspan="2">整理・整頓</td><td>場所</td><td colspan="2">試験室</td><td>2018年</td></tr>
<tr><td rowspan="5">第1段階</td><td colspan="5" rowspan="6">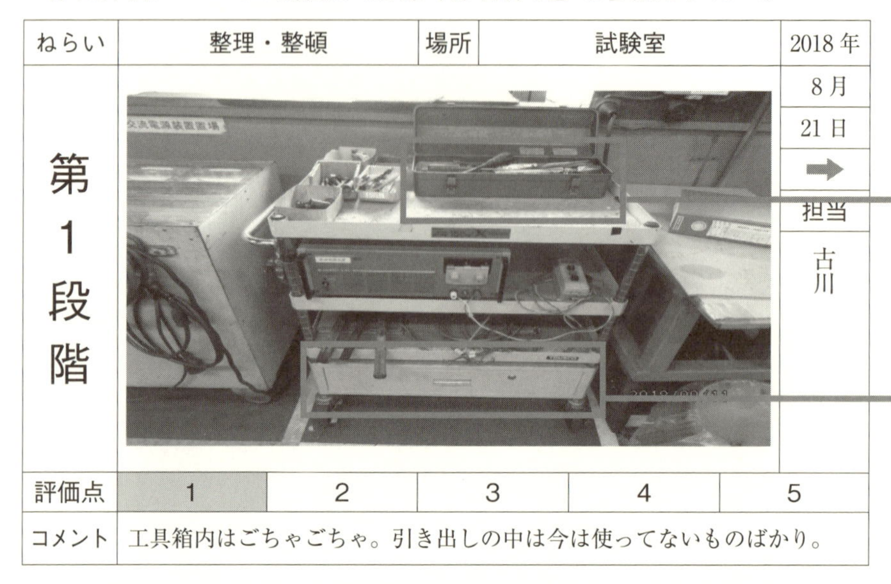</td><td>8月</td></tr>
<tr><td>21日</td></tr>
<tr><td>➡</td></tr>
<tr><td>担当</td></tr>
<tr><td>古川</td></tr>
<tr><td>評価点</td><td>1</td><td>2</td><td>3</td><td>4</td><td colspan="2">5</td></tr>
<tr><td>コメント</td><td colspan="6">工具箱内はごちゃごちゃ。引き出しの中は今は使ってないものばかり。</td></tr>
</table>

<table>
<tr><td>特色</td><td colspan="5">引き出し移動と姿置き</td><td>2018年</td></tr>
<tr><td rowspan="5">第3段階</td><td colspan="5" rowspan="5">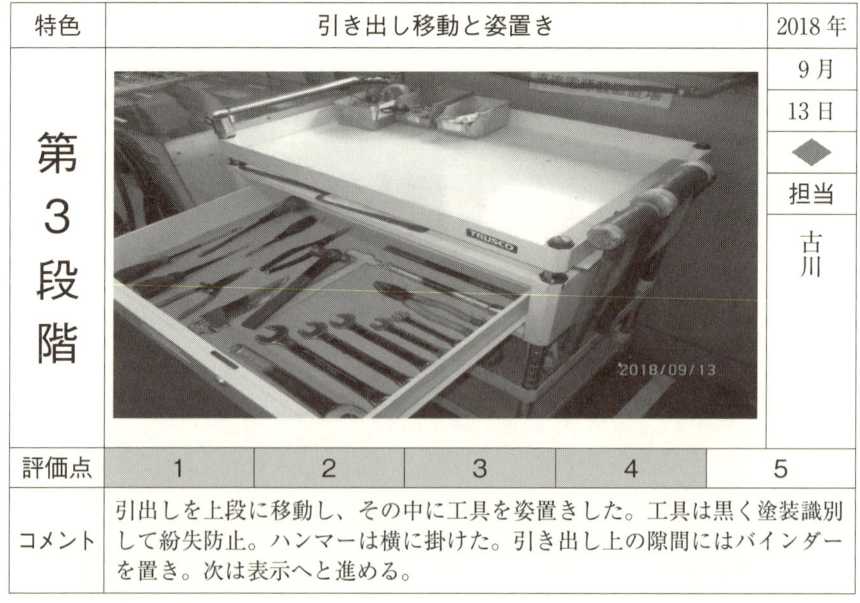
</td><td>9月</td></tr>
<tr><td>13日</td></tr>
<tr><td>◆</td></tr>
<tr><td>担当</td></tr>
<tr><td>古川</td></tr>
<tr><td>評価点</td><td>1</td><td>2</td><td>3</td><td>4</td><td colspan="2">5</td></tr>
<tr><td>コメント</td><td colspan="6">引出しを上段に移動し、その中に工具を姿置きした。工具は黒く塗装識別して紛失防止。ハンマーは横に掛けた。引き出し上の隙間にはバインダーを置き。次は表示へと進める。</td></tr>
</table>

富士変速機㈱　美濃工場

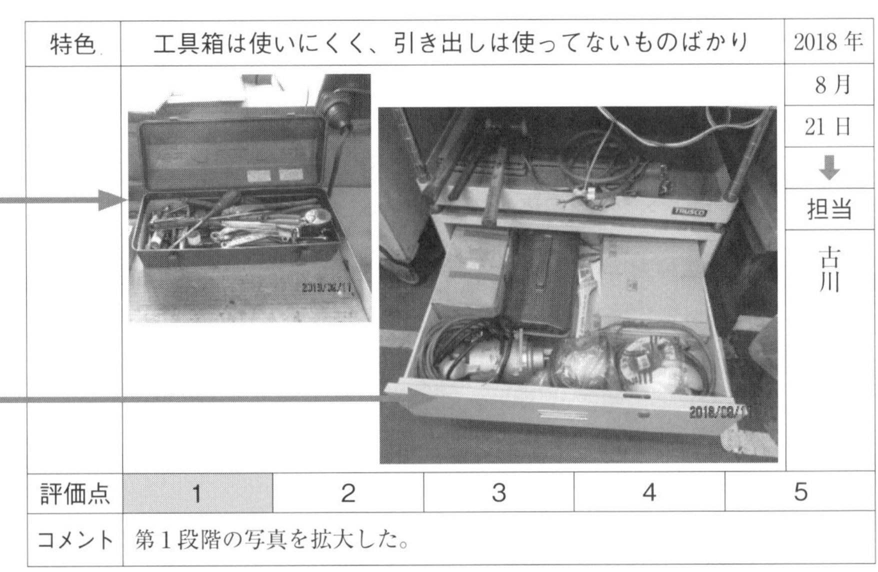

特色	工具箱は使いにくく、引き出しは使ってないものばかり				2018年
					8月
					21日
					↓
					担当
					古川
評価点	1	2	3	4	5
コメント	第1段階の写真を拡大した。				

特色	いらないものは廃棄した				2018年
第2段階					9月
					11日
					←
					担当
					古川
評価点	1	2	3	4	5
コメント	引き出しの中は使わなくなったものばかりだったため廃棄した。				

3.4.3　赤札作戦：書棚

赤札作戦についての解説は3.2節「赤札作戦」を参照されたい。

ねらい	断捨離！	場所	2F 事務所　書棚	2017年
第1段階				1月 24日 ➡ 担当 西部

評価点	1	2	3	4	5
コメント	不要または古いカタログが本棚いっぱいとなりあふれている。				

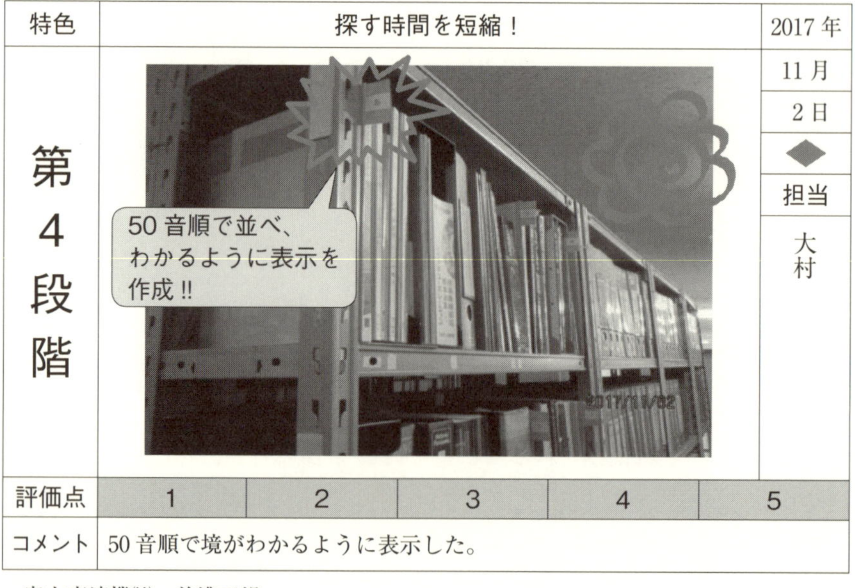

特色	探す時間を短縮！	2017年
第4段階		11月 2日 ◆ 担当 大村

評価点	1	2	3	4	5
コメント	50音順で境がわかるように表示した。				

富士変速機㈱　美濃工場

特色	カタログを一斉整理！				2017年
第2段階	全部に赤札！				2月 1日 ⬇ 担当 斉藤
評価点	1	2	3	4	5
コメント	すべてを赤札対象とする。				

特色	使用頻度の少ないものと10年前の物は処分！				2017年
第3段階	3分の1に集める				4月 14日 ⬅ 担当 大村
評価点	1	2	3	4	5
コメント	整理前と比べて、3分の1になり、棚のスペースが確保できた。				

3.4.4　赤札作戦：工場外構

赤札作戦についての解説は3.2節「赤札作戦」を参照されたい。

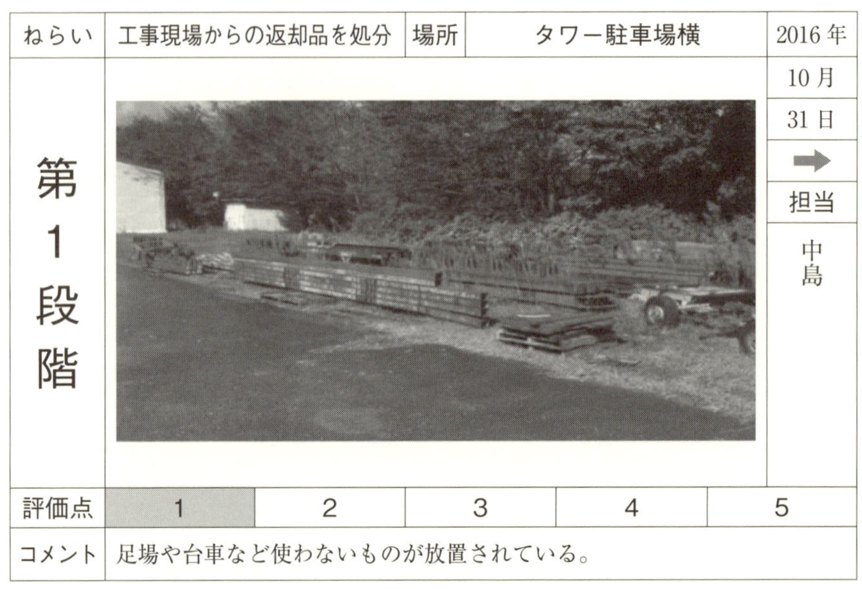

ねらい	工事現場からの返却品を処分	場所	タワー駐車場横		2016年
第1段階					10月 31日 ➡ 担当 中島
評価点	1	2	3	4	5
コメント	足場や台車など使わないものが放置されている。				

特色	すべて、廃棄処分した				2016年
第4段階					11月 8日 ◆ 担当 中島
評価点	1	2	3	4	5
コメント	長年あった返却品がなくなりすっきりした。				

富士変速機㈱　テクノパーク工場

特色	思い切って処分した	2016年
第2段階		11月 2日 ↓ 担当 中島

評価点	1	2	3	4	5
コメント	有価物として処分できるものを優先して廃棄したが、まだ残っている。				

特色	パレットや枕木を集めた	2016年
第3段階		11月 7日 ← 担当 中島

評価点	1	2	3	4	5
コメント	鉄スクラップを廃棄した。木パレットを集めたので、今後、廃棄処分する。				

3.5　整理の実習と次回までの課題

整理実習では現場で不要なモノ(整理対象)をデジタルカメラで撮影する。撮影場所は自分の職場とし、時間が余れば共通場所も撮影する。他の職場は撮影しない。撮影者＝発表者とする。カメラ1台に3～4人がよい(人数が多いと遊ぶだけ)。実習は1時間とし、移動も含めて迅速にテキパキ行動し、現場から指示された時刻までに帰ってくる。

3.5.1　実習のポイント

(1)　徹底的に探す

扉、引き出し、蓋など開けて確認する。壁際、棚の裏、机の下、柱の根元など、よく見る。

(2)　ブレインストーミングを取り入れる

撮影は、3.2.3項「ブレインストーミングを順守する」で紹介した「ブレインストーミングの基本的なルール」に則って進める。つまり、以下のようなことを原則として撮影する。

- 判断禁止：迷ったら撮る。
- 自由奔放：楽しく。批判しない。
- 質より量：最初は撮影枚数が大切である。数をこなして訓練する。
- 結合の改善：アイデアを発展させる。これがあるならあれも。

3.5.2　発表のポイント

撮影した写真をプロジェクターに映し、なぜ撮影したのか、どう改善するかを発表する。前向きに、積極的に行う。恥ずかしいという気持ちは捨てる。「なぜ今までできなかったんだ！」という類の発言は、厳禁とする。発表は10分／班とする(チーム数と残り時間で発表時間は調整する)。

3.5.3　自主活動計画立案

本章の内容に対する活動計画をメンバー自身で立てる。次回(1カ月間程度)までに自分達で「何をするかのリストをつくり、誰が、いつまでに」を決める。次会合の最初に進捗を報告してもらうので、チームリーダーは進捗を把握しておくこと。

【自主活動計画における必須項目】

- 赤札作戦を実行する。
- 実習の写真をもとに定点撮影チャートを作成する。

3.5.4　整理2カ月目の進め方

担当する職場のモノの多さと5S活動時間によるが、赤札作戦には2～3カ月かかる。1.5.2項「活動スケジュール」「(2)集合教育の年間活動スケジュール例」で示した整理は下記のとおりである。

2月目	整理：赤札作戦(3.2節、3.4節参照)
3月目	整理フォロー、整理の基準づくり

整理の2カ月目は引き続き赤札作戦を進めていく。担当職場のすべてのモノに対して赤札作戦を実施して終わらせてほしい。1巡目の赤札作戦では捨てるモノが多すぎて特に基準がなくても困らないはずである。赤札作戦は今後も年1～2回ほど定期的に実施すべきであるが、その際に以下の基準があると進めやすい。

- 捨てる基準
- 書類保管基準

そこで、3カ月目の集合教育は整理の基準を作成する。基準の作成はリーダー、事務局中心でかまわない。作業員は現場で5S活動を実践しても、一緒に基準の作成に加わってもよい。

第4章

整頓

4.1　整頓とは

整頓とは、すぐに取り出せるようにすることである。整頓の目的は特定の人だけでなく、誰もがすぐにわかる、すぐに取り出せる、すぐに元に戻せるようにするである。

こう書くと「私はモノの場所が全部わかっているから整頓は必要ない」と思い違いをする人がいる。整頓のポイントは「誰もが」である(図表4.1)。

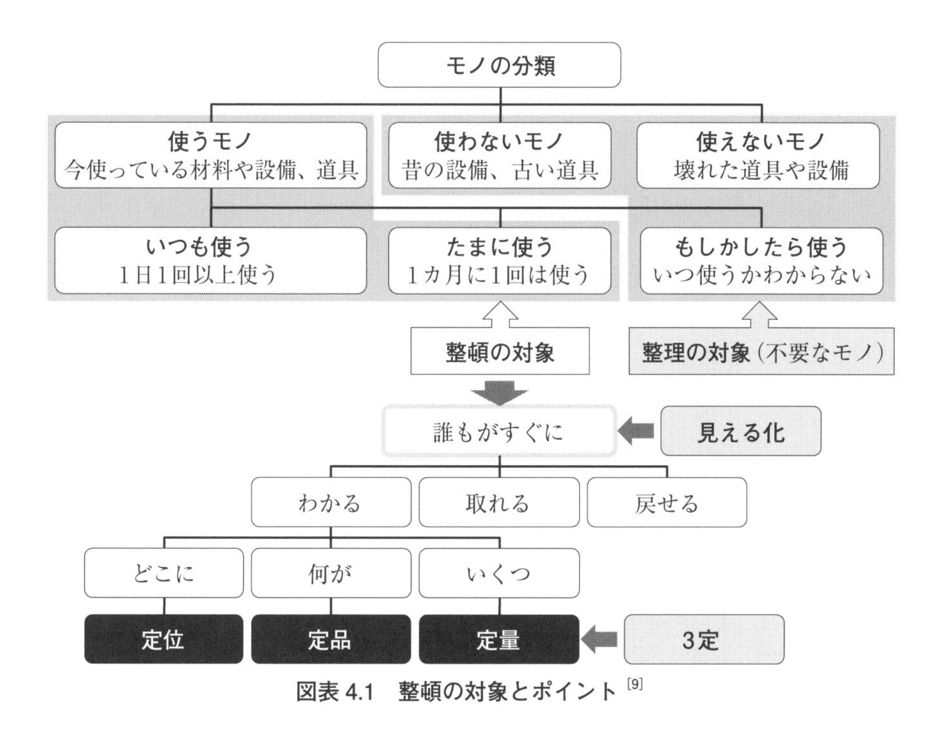

図表4.1　整頓の対象とポイント[9]

工場には新入社員が入ってくる、人事異動もある、他職場の社員がモノを取り来ることもある。そういった社員でもわかりやすい職場が工場の作業性を上げるのである。

ほしいモノが見つからない、似たモノを間違えて取り出した、モノを元に戻すのが大変、こんな職場だとイライラして作業に集中できなくなり、ミスやケガの可能性が増える。整頓すれば探す、戻す時間が短くなり、作業時間が短くなる。探す時間は価値を生まない、ムダな作業であると認識してほしい。

4.1.1　整頓のモデル場所をつくる

「いかに早くモノを取り出すか」なので、日々進歩させるように考える。5Sは訓練しないと上達しない。したがって、とにかく実践する。知恵を加え少しずつでもよくしていく。

ただし、一気に全部の担当場所を整頓しようとすると挫折する。モデル場所を決めて集中的に整頓に取り組む。

モデル場所の選定は整理が終わった場所、1日で目途がつきそうな場所、社員の目につきやすい場所がお勧めである。モデル場所の整頓ができると関係者に整頓のあるべき姿が伝わりやすい。モデルで効果が出れば自信がつき、次へ挑戦しようという気持ちになる。周りの社員も影響され、「よしやってみよう！」という気持ちになる。モデル場所を見本として、他の場所へ整頓を水平展開していく。

4.1.2　整頓の進め方のポイント

整頓を進めるうえで2つのことに注意してほしい。1つは社員の自主性を育てることである。指示してやらせるのは、自分の考えによるものではないから改善力が上がらない、押しつけなので楽しくない。自分で整頓を実践しないと、人ごとなので維持できない。社員が自主性を持てば整頓が維持でき、改善が進む。とはいえ指示しないとできない社員もいるので、リーダーは自主性と改善の進捗の匙加減をうまくやってほしい。

もう1つはコミュニケーションである。整頓によりモノの置き場所が変わることがある。社員にとって必要なモノがいつもの場所にないというのはストレスになる(これが抵抗のきっかけになる)。置き場所が変わったら、朝礼や申し送り帳、定点撮影チャートを活用して関係者全員にしっかりと連絡してほしい。5Sは全員参加であると当事者意識を持たせないと、せっかく改善した場所が元に戻る(先祖返り)。コミュニケーションをとって、全員参加の意識を育んでほしい。

4.1.3 整列とは

知識として整列を紹介する。整列とは、きれいに並べることである。直角、平行に規則正しく並べる。きれいに並べれば、安全が確保でき、空間の使用率がよくなり、作業環境や見栄えもよくなる。ただし、整列はただきれいに並べただけで、取り出しやすさは意識していない。整列は、整頓への橋渡しとして、価値がある。すなわち、整理→(整列)→整頓となる。整列だけで終わらずに、整頓まできっちりと取り組む必要がある。

整列から整頓へ進めた事例としては会議室の机がある。ひとまず机を整列しておく(整頓に行くまでの取り組み)。整頓としては会議室内の見取り図(机、椅子の位置と数)を決め、床下にマークが打つ。机の位置が見える化できると、会議により机の位置を変更したとしても机が戻しやすい。なお、整列の定点撮影チャートの作成例については、4.3.11項「整列」を参照されたい。

4.2 整頓の手法

4.2.1 線引き作戦

線引きの目的はモノの置き方の標準化と安全確保である。モノの位置がきちんと決められてないと探すムダが発生するし、すぐに戻せない。線引きにはペンキやテープを用いる。線引きは基本的に床が対象だが、実験室や検査室などの机上まで広げてもよい。線引きの色や幅、線種がバラバラだと見苦しいし混乱するので、線引き基準を作成し工場で統一しておく。以下、線種ごとに解説する。線引きの基準例を図表4.2に示した。なお、線引き作戦の定点撮影チャートの作成例については、4.3.1～4.3.6項を参照されたい。

区分	色	幅	線種	補足
区画線	黄色	10cm	実線	通路と作業場の区別
出入り線	黄色	10cm	破線	区画線中の出入り口
扉開閉線	黄色	10cm	破線	危険予知
方向線	黄色	5cm	矢印	通路の通行方向表示
トラマーク	黄・黒		まだら	危険箇所の注意喚起
置場線	白色	5cm	実線	移動して使うモノ
不良品置場線	赤色	5cm	実線	製品置場と離す

図表4.2　線引き基準の例

(1)　区画線

区画線とは、通路と作業区を分ける線をいう。通路は人が歩く場所である。したがって、通路にはモノを置かないというルールを徹底してほしい。通路にモノがあると、どかすムダが発生するし、つまずいて転倒する危険がある。区画線は基本的に直線にする。前方が見やすく、移動がスムーズになる。右折、左折場所は直角に線を引くと歩きにくいので、区画線の角は隅取りする。

(2)　出入り線

出入り線とは、作業エリアと通路の出入り口である。厳しい工場だと区画線をまたいで移動してはいけないとしている(不安全)。最近は設備の安全対策が進んでいるため、出入り線を設ける工場は少ない。

(3)　扉開閉線

扉開閉線とは、扉の急な開閉による衝突を防ぐ線をいう。危険予知(KY)に使う。実線は踏むな、またぐなという工場があるため破線としているが、そのようなルールがなければ実線でもかまわない。

(4)　方向線

方向線とは、通路における通行方向を表示する矢印線をいう。通路だけでなく、階段にも表示し、出会い頭の衝突を防ぐ。人との衝突を防ぐのが目的であるから、人通りの多い通路だけでよい。

(5)　トラマーク

トラマークとは、危険がはっきりとわかるようにつけた、黄色と黒色の斜めのラインをいう(虎に似た模様)。具体的なトラマークの部位としては、機械の回転部や駆動部など、挟まれ、巻き込まれの危険があるところ、通路へはみ出した設備の部位や、床に敷設されたパイプ、電線などで転倒の危険があるところ、通路や作業場所で低くなっていて頭が衝突する危険があるところなどである。トラマークはないのが理想である。トラマークにする前に、その危険箇所をなくせないかをまず考えてほしい。

(6)　置場線

置場線とは、原料や仕掛品、製品、台車など移動して使うモノの置場に線を引いて、置き場所を明確にするための線をいう。例えば資材を現場に持っていくために台車を使ったとする。使い終わった台車を適当な場所に放置されたのでは、次に使う人が探さざるを得ない。戻す場所を決めて使い終わったら必ず戻せば、次に使う人は探すムダがなくなる。ただし、移動するモノの置き方を標準化するために線を引くのであって、移動しないモノに置場線を引く必要はない。

(7)　不良品置場線

不良品置場線とは、良品(製品)と不良品が混ざらないようにするために、不良品置場に目立つ赤色で線を引いたものをいう。

不良品置場は製品置場から離すのが基本である。不良品置場がないと顧客監査で指摘されることが多いので、不良品置場線はしっかりと線引きしてほしい。

4.2.2　看板作戦

看板は誰もがすぐ理解できるように表示することである(図表4.3)。整頓では、誰もがすぐにわかる、取り出せる、戻せることが重要であるから、「見ればわかる」ではなく、しっかりと表示してほしい。

(1)　場所表示(定位)

工場に住所を表示して、誰もがわかりやすく、探しやすくする(図表

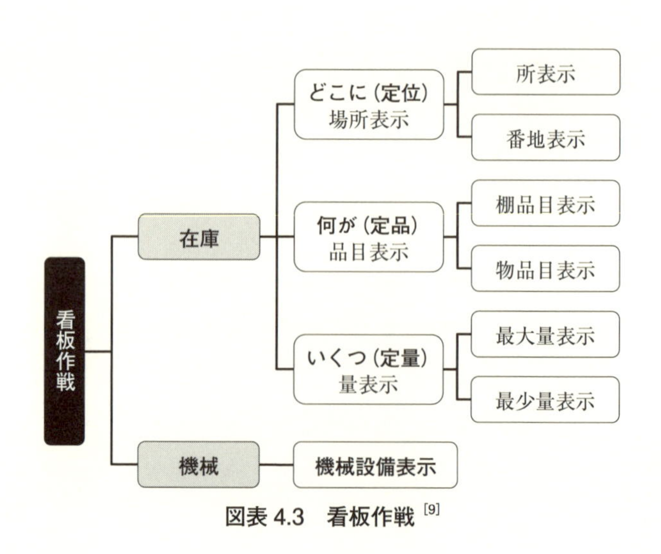

図表4.3　看板作戦[9]

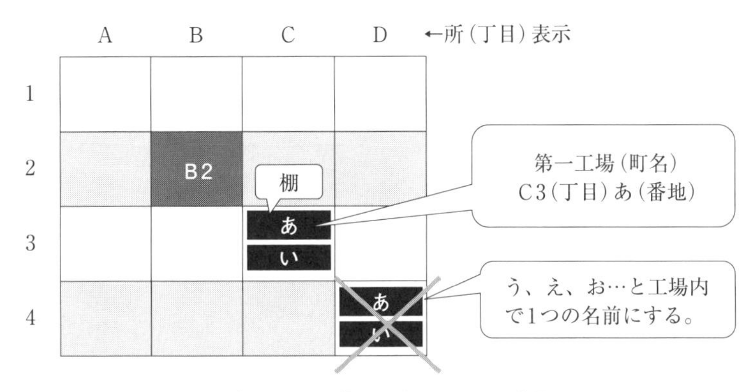

図表 4.4 工場のロケーション表示

4.4)。一般的にも住所がなければ、郵便や新聞配達に困る。工場の第一工場、第二工場……が町名なら、工場内に A1、A2……のような○丁目をつける(エリアが決まっているなら、原料工程や塗装工程など自社に合った名前表示でもかまわない)。

倉庫は棚やパレットが並んでいるだけで特徴がなく探しづらい。特に倉庫内はしっかりと番地を決めて、表示してほしい。倉庫を番地表示することにより、この後の見える化(何が、どこに、どれくらいあるかが一発でわかる状態)につなげていく。この定位にこの後(2)(3)で解説する定品、定量を加え、3定と呼ぶ。

(2) 品目表示(定品)

品目表示とは、置くモノ自体が何かを示すことである(図表 4.5)。消耗資材はおおよそ梱包されており品名が表示されてあるから、わざわざモノに名前を書く必要はない。一見だけでは何かわからないモノ(鋼材関係やサイズ別があるモノ)には簡単でかまわないのでわかるように表示してほしい。

棚品目表示とは、置かれるモノが何かを示すことである。例えば棚に軍手があったとしよう。軍手の在庫がゼロになり、その後に納入された。棚

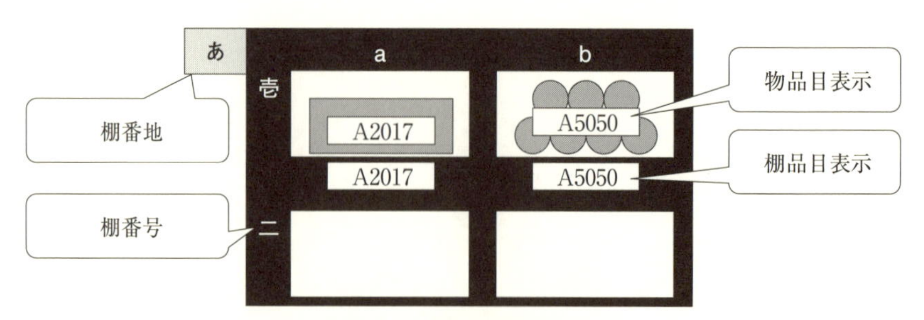

図表 4.5　品目表示（定品）

に表示がないと「この軍手はどこに置いたらよいのか」と受け取った作業員に考えるムダがおきる。いつもと違うところに置いたら、作業員が探すムダがおきる。よって、棚には置くモノを表示すべきである。置くものが入れ替わる可能性があるときは簡単に位置替えできるように、取り外し可能なマグネット表示が望ましい。

(3)　量表示（定量）

在庫品が一目でわかるように、最大在庫量と最小在庫量を明示する。数字よりもマークがよい。一目で数量が見えるように、カウントレスにする。最大在庫量は赤色マーク、最小在庫量は黄色マークというように工場で色を統一すれば間違いが少なくなる（図表 4.6）。

最大在庫量と最小在庫量をいくつにするか悩んでなかなか進まないこと

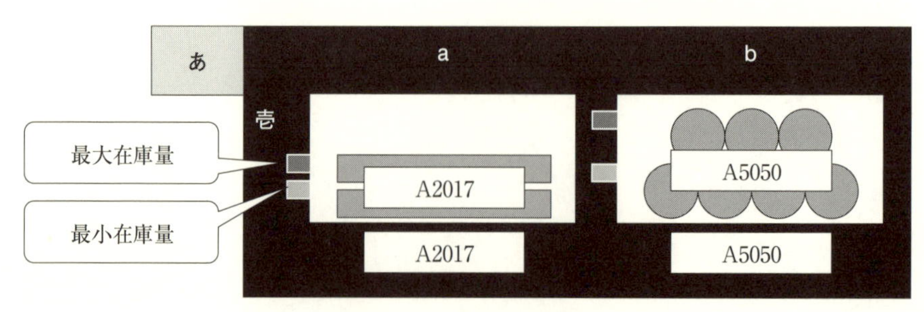

図表 4.6　量表示（定量）

があった。そんなときは、乱暴かもしれないが在庫量は適当に決めてかまわない。問題が起きたときに修正すればよい。また、収納する空間にはモノをぎっちり詰めすぎない。3割程度空けておくと出し入れがスムーズにできる。

4.2.3 ストライクゾーン

ストライクゾーンとは人が取りやすい高さのことである(図表4.7)。一般的には肩より下、膝より上である(40～130cm)。ストライクゾーンのメリットは取り出しやすく、安全に作業できることである。デメリットは空間効率が落ちることである。よく使うものはストライクゾーンに置き、年に1回しか使わないようなモノはストライクゾーンの外に置くような工夫する。

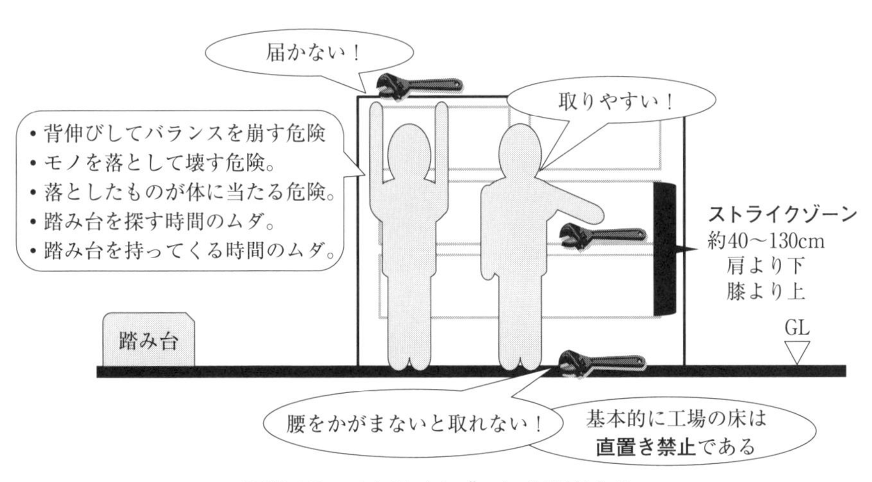

図表4.7 ストライクゾーンを設定する

4.3　整頓の定点撮影チャート

4.3.1　線引き作戦：区画線

「線引き作戦」の解説については4.2.1項「線引き作戦」を参照されたい。

ねらい	区画線表示		場所	ケース置場	2015年
第1段階					7月 14日 ➡ 担当 山口
評価点	1	2	3	4	5
コメント	5～6年前の区画線・置場線のままになっている。 移動後変更されていない。				

特色					年
第4段階					月 日 担当
評価点	1	2	3	4	5
コメント					

富士変速機㈱　美濃工場

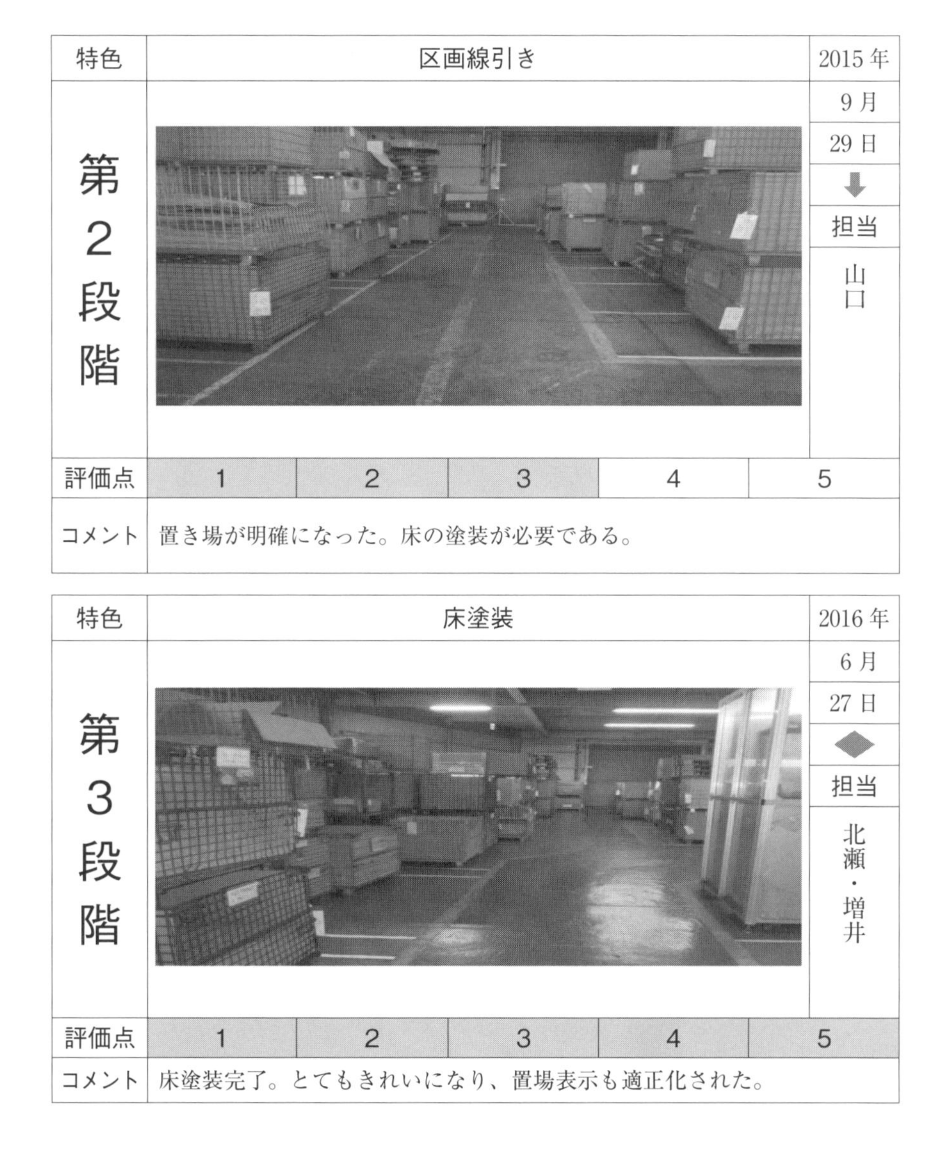

特色	区画線引き	2015年
第2段階		9月
		29日
		↓
		担当
		山口

評価点	1	2	3	4	5
コメント	置き場が明確になった。床の塗装が必要である。				

特色	床塗装	2016年
第3段階		6月
		27日
		◆
		担当
		北瀬・増井

評価点	1	2	3	4	5
コメント	床塗装完了。とてもきれいになり、置場表示も適正化された。				

4.3.2　線引き作戦：扉開閉線

「線引き作戦」の解説については4.2.1項「線引き作戦」を参照されたい。

ねらい	線引き作戦	場所	化学分析室Ⅱ　入口扉		2018年
第1段階	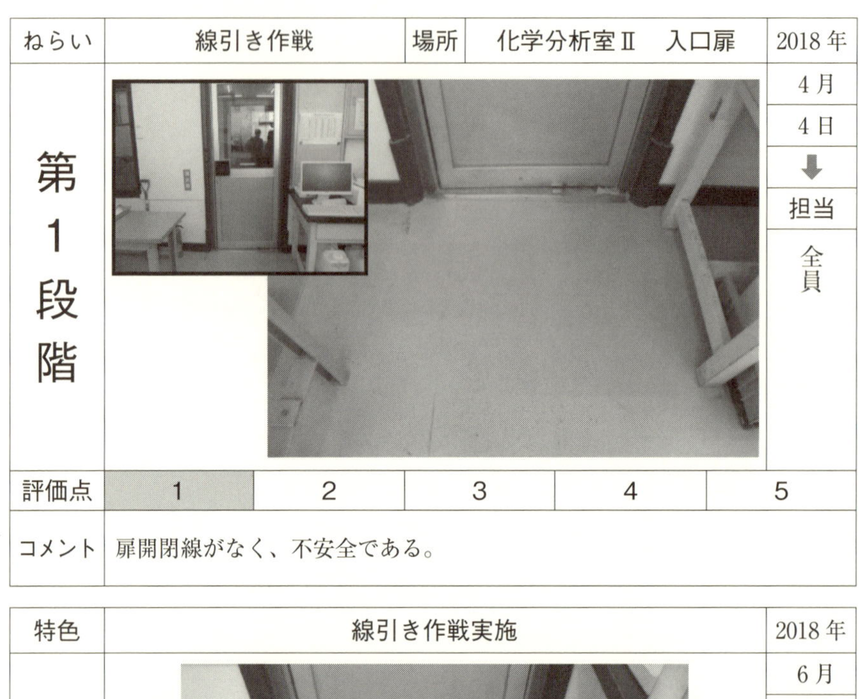				4月 4日 ⬇ 担当 全員
評価点	1	2	3	4	5
コメント	扉開閉線がなく、不安全である。				

特色	線引き作戦実施				2018年
第2段階	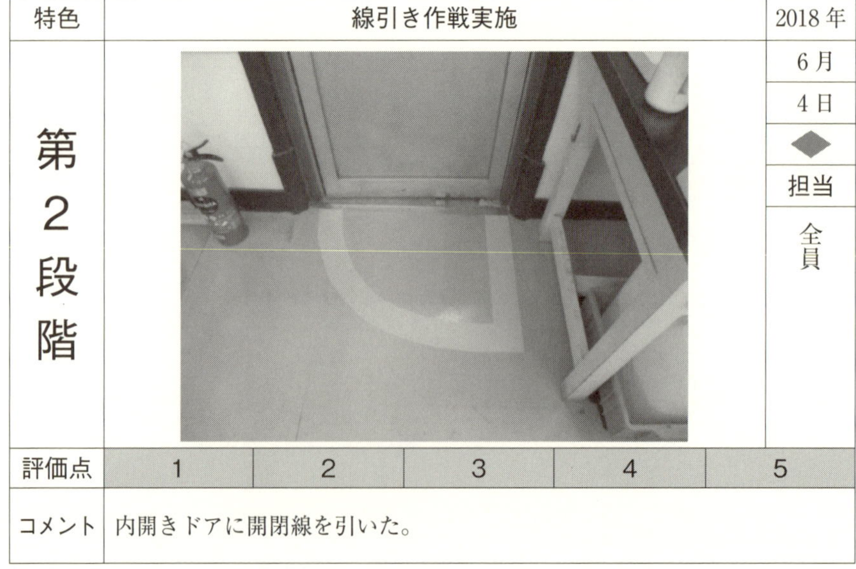				6月 4日 ◆ 担当 全員
評価点	1	2	3	4	5
コメント	内開きドアに開閉線を引いた。				

昭和電工セラミックス㈱　富山工場

4.3.3　線引き作戦：トラマーク

「線引き作戦」の解説については 4.2.1 項「線引き作戦」を参照されたい。

<table>
<tr><td>ねらい</td><td colspan="2">衝突防止</td><td>場所</td><td colspan="2">PS02-TC</td><td>2018年</td></tr>
<tr><td rowspan="5">第1段階</td><td colspan="5" rowspan="5">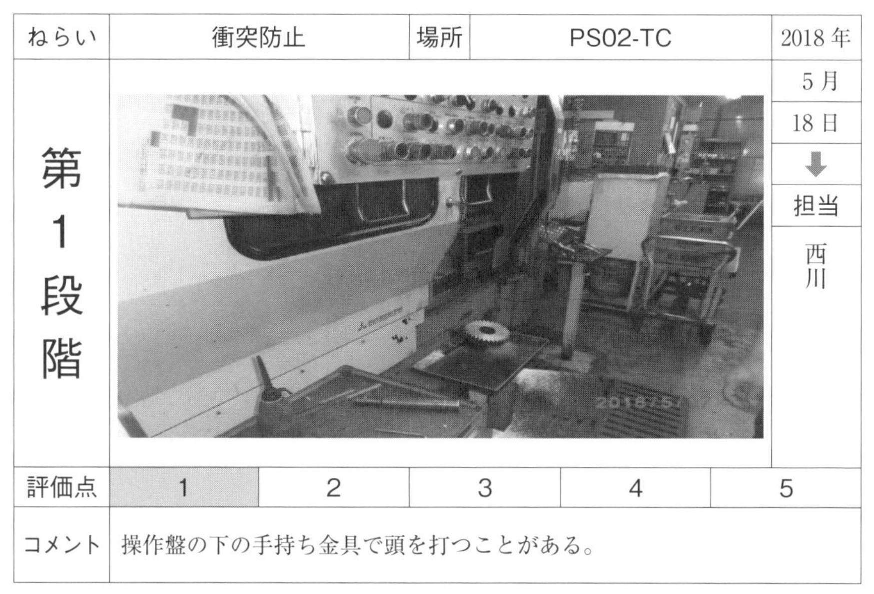</td><td>5月</td></tr>
<tr><td>18日</td></tr>
<tr><td>↓</td></tr>
<tr><td>担当</td></tr>
<tr><td>西川</td></tr>
<tr><td>評価点</td><td>1</td><td>2</td><td>3</td><td>4</td><td colspan="2">5</td></tr>
<tr><td>コメント</td><td colspan="6">操作盤の下の手持ち金具で頭を打つことがある。</td></tr>
</table>

<table>
<tr><td>特色</td><td colspan="5">トラクッションでカバーをした</td><td>2018年</td></tr>
<tr><td rowspan="5">第2段階</td><td colspan="5" rowspan="5">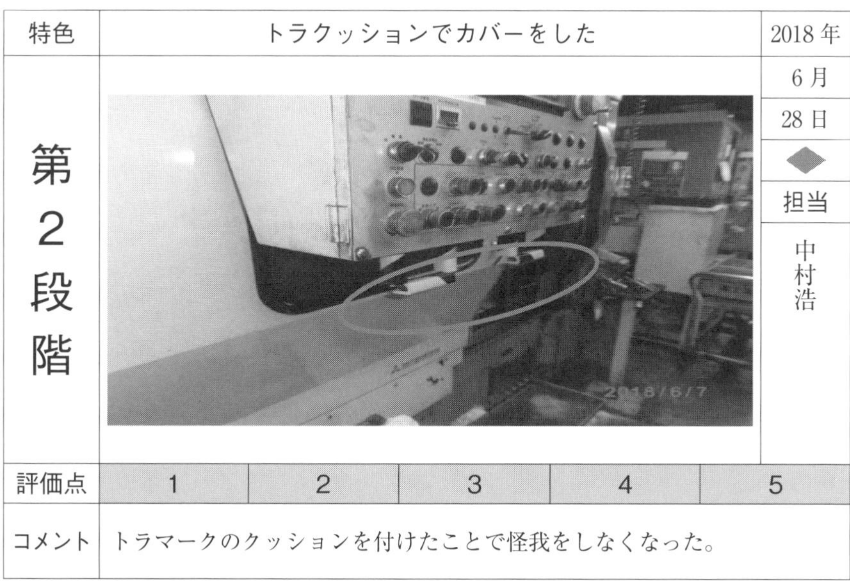
</td><td>6月</td></tr>
<tr><td>28日</td></tr>
<tr><td>◆</td></tr>
<tr><td>担当</td></tr>
<tr><td>中村浩</td></tr>
<tr><td>評価点</td><td>1</td><td>2</td><td>3</td><td>4</td><td colspan="2">5</td></tr>
<tr><td>コメント</td><td colspan="6">トラマークのクッションを付けたことで怪我をしなくなった。</td></tr>
</table>

富士変速機㈱　美濃工場

4.3.4　線引き作戦：方向線

「線引き作戦」の解説については4.2.1項「線引き作戦」を参照されたい。

ねらい	日常点検を容易にする			場所	LPガス保管庫	2018年
第 1 段 階	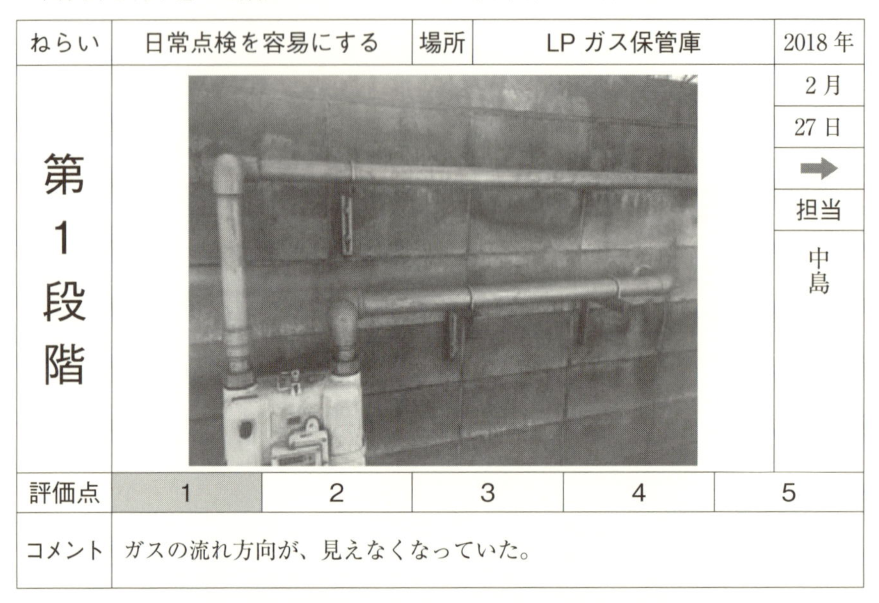					2月 27日 ➡ 担当 中島
評価点	1	2	3	4	5	
コメント	ガスの流れ方向が、見えなくなっていた。					

特色	適切な圧力がわかりやすいようにラベルを付けた				2018年
第 4 段 階	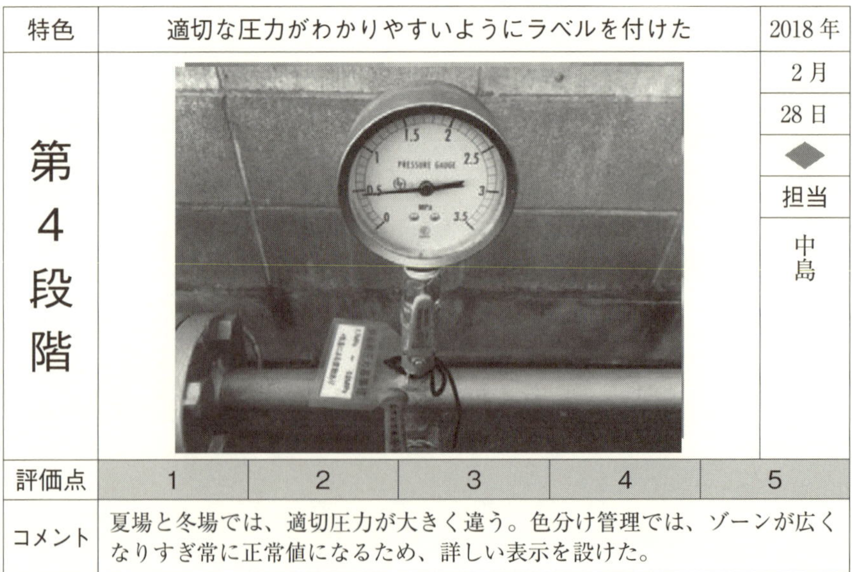				2月 28日 ◆ 担当 中島
評価点	1	2	3	4	5
コメント	夏場と冬場では、適切圧力が大きく違う。色分け管理では、ゾーンが広くなりすぎ常に正常値になるため、詳しい表示を設けた。				

富士変速機㈱　テクノパーク工場

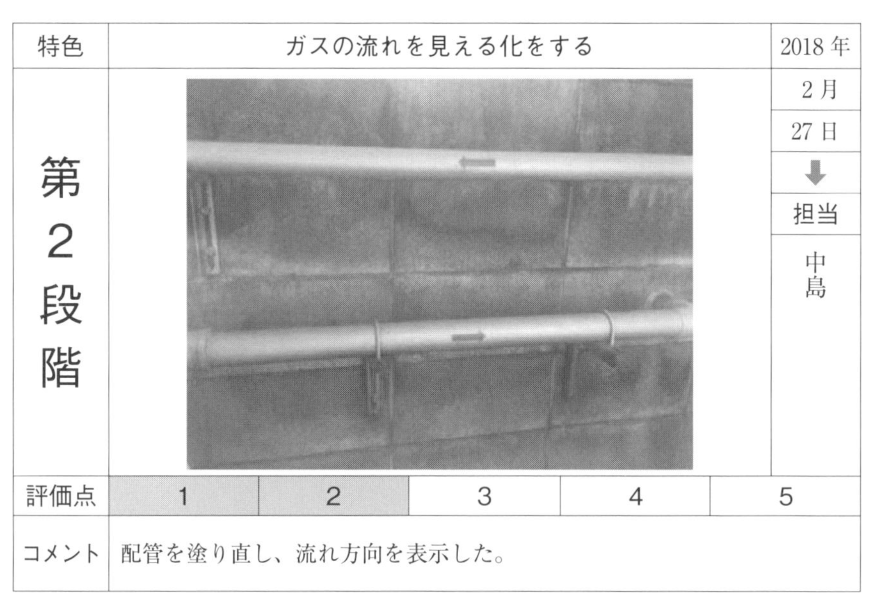

特色	ガスの流れを見える化をする				2018年
第2段階					2月 27日 ↓ 担当 中島
評価点	1	2	3	4	5
コメント	配管を塗り直し、流れ方向を表示した。				

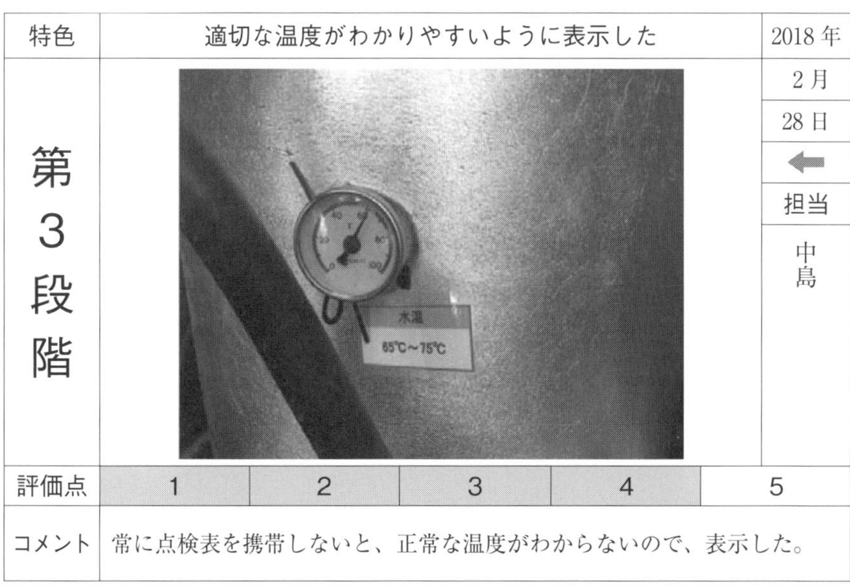

特色	適切な温度がわかりやすいように表示した				2018年
第3段階					2月 28日 ← 担当 中島
評価点	1	2	3	4	5
コメント	常に点検表を携帯しないと、正常な温度がわからないので、表示した。				

4.3.5　線引き作戦：置場線

「線引き作戦」の解説については 4.2.1 項「線引き作戦」を参照されたい。

<table>
<tr><td>ねらい</td><td colspan="2">定位置管理する</td><td>場所</td><td colspan="2">3G 設備 5 階</td><td>2017 年</td></tr>
<tr><td rowspan="5">第1段階</td><td colspan="5" rowspan="5"> </td><td>3 月</td></tr>
<tr><td>7 日</td></tr>
<tr><td>➡</td></tr>
<tr><td>担当</td></tr>
<tr><td>原口</td></tr>
<tr><td>評価点</td><td>1</td><td>2</td><td>3</td><td>4</td><td colspan="2">5</td></tr>
<tr><td>コメント</td><td colspan="6">掃除機置き場の線がない。というか置き場が決まっていない。</td></tr>
</table>

<table>
<tr><td>特色</td><td colspan="5"></td><td>年</td></tr>
<tr><td rowspan="6">第4段階</td><td colspan="5" rowspan="6"></td><td>月</td></tr>
<tr><td>日</td></tr>
<tr><td></td></tr>
<tr><td>担当</td></tr>
<tr><td></td></tr>
<tr><td></td></tr>
<tr><td>評価点</td><td>1</td><td>2</td><td>3</td><td>4</td><td colspan="2">5</td></tr>
<tr><td>コメント</td><td colspan="6"></td></tr>
</table>

昭和電工セラミックス㈱　富山工場

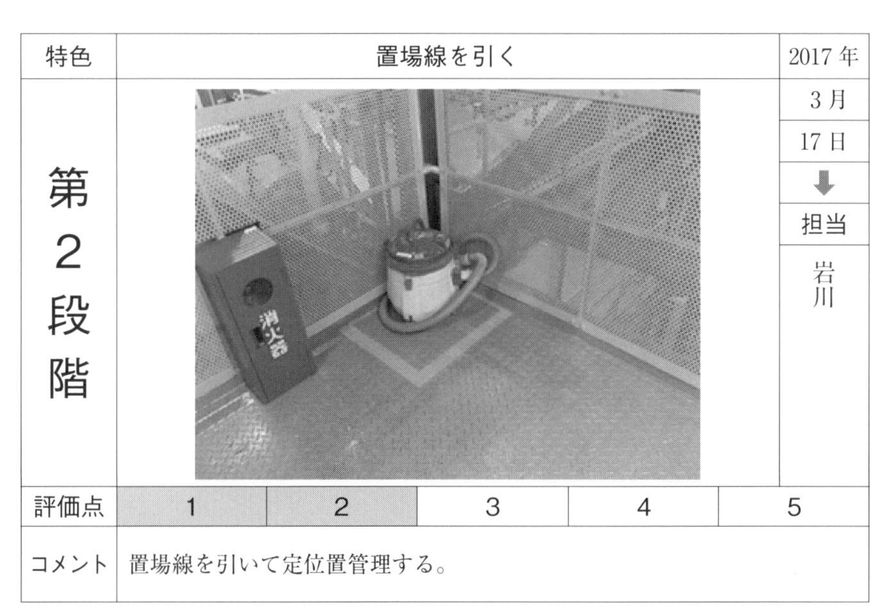

特色	置場線を引く				2017年
第2段階					3月 17日 ⬇ 担当 岩川
評価点	1	2	3	4	5
コメント	置場線を引いて定位置管理する。				

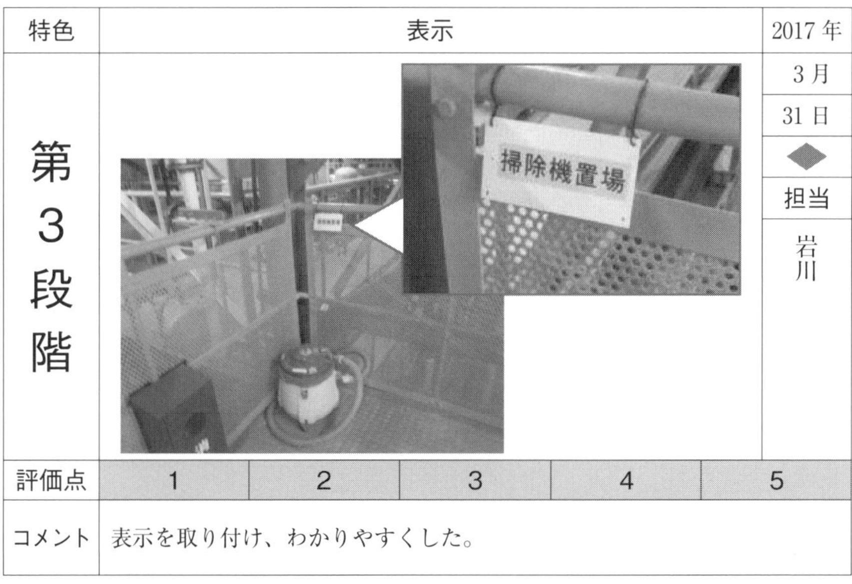

特色	表示				2017年
第3段階					3月 31日 ◆ 担当 岩川
評価点	1	2	3	4	5
コメント	表示を取り付け、わかりやすくした。				

4.3.6　線引き作戦：掲示板

「線引き作戦」の解説については 4.2.1 項「線引き作戦」を参照されたい。

ねらい	わかりやすい掲示板	場所	現場事務所		2018年
第1段階	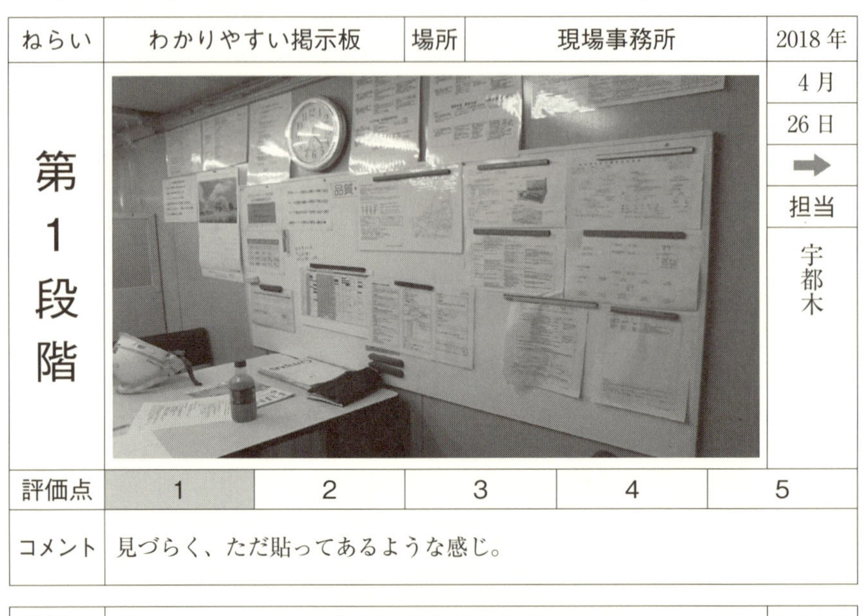				4月 26日 → 担当 宇都木
評価点	**1**	2	3	4	5
コメント	見づらく、ただ貼ってあるような感じ。				

特色	さらにわかりやすく				2018年
第4段階	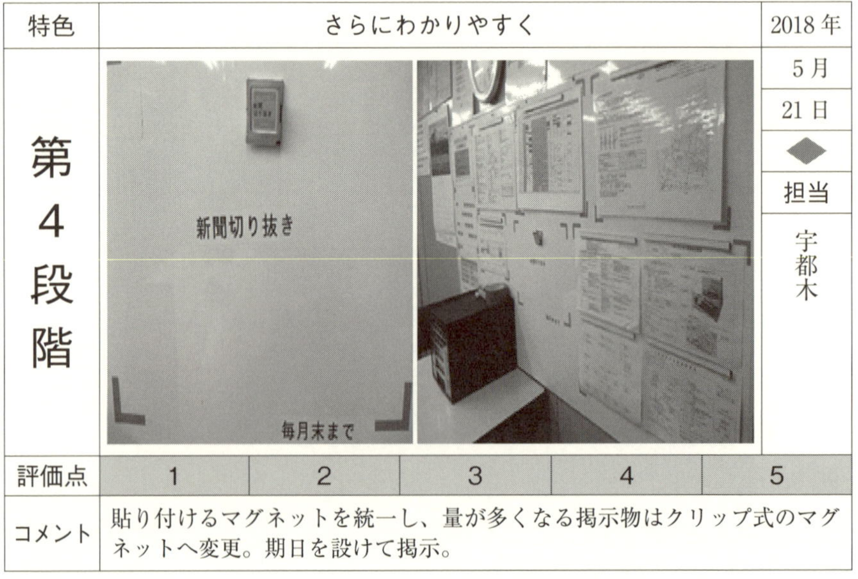				5月 21日 ◆ 担当 宇都木
評価点	**1**	**2**	**3**	**4**	**5**
コメント	貼り付けるマグネットを統一し、量が多くなる掲示物はクリップ式のマグネットへ変更。期日を設けて掲示。				

社名：非公表

特色	整理と線引き				2018 年
第 2 段 階	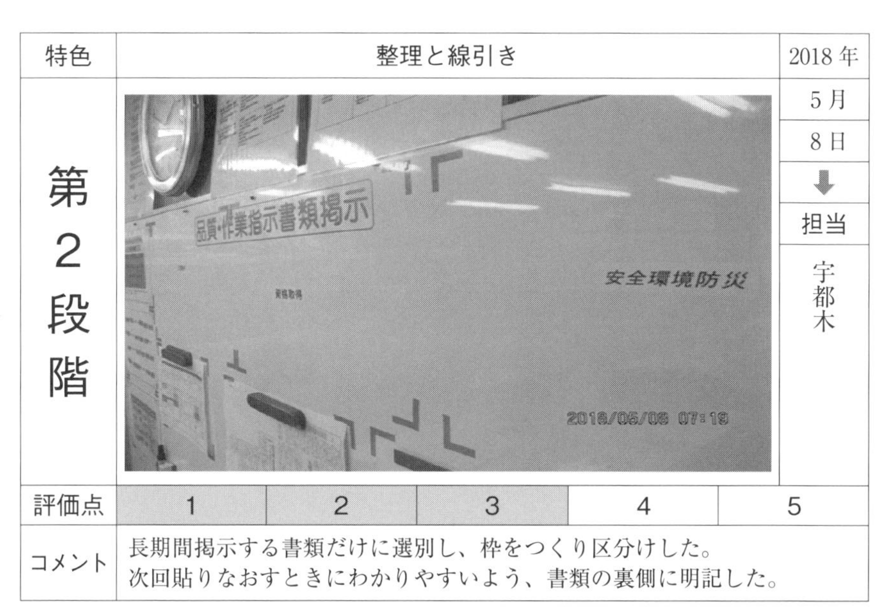				5 月 8 日 ↓ 担当 宇都木
評価点	1	2	3	4	5
コメント	長期間掲示する書類だけに選別し、枠をつくり区分けした。 次回貼りなおすときにわかりやすいよう、書類の裏側に明記した。				

特色	見える化				2018 年
第 3 段 階	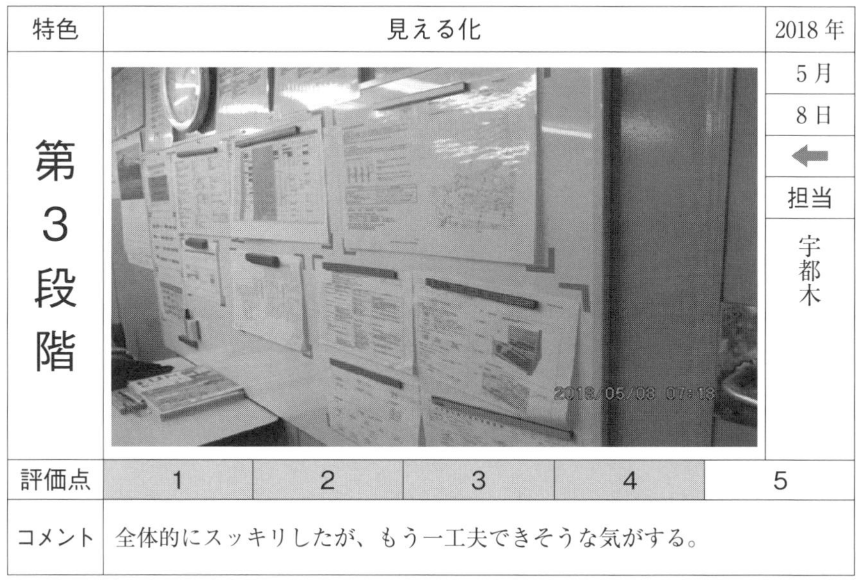				5 月 8 日 ← 担当 宇都木
評価点	1	2	3	4	5
コメント	全体的にスッキリしたが、もう一工夫できそうな気がする。				

4.3.7　看板作戦

「看板作戦」の解説については 4.2.2 項「看板作戦」を参照されたい。

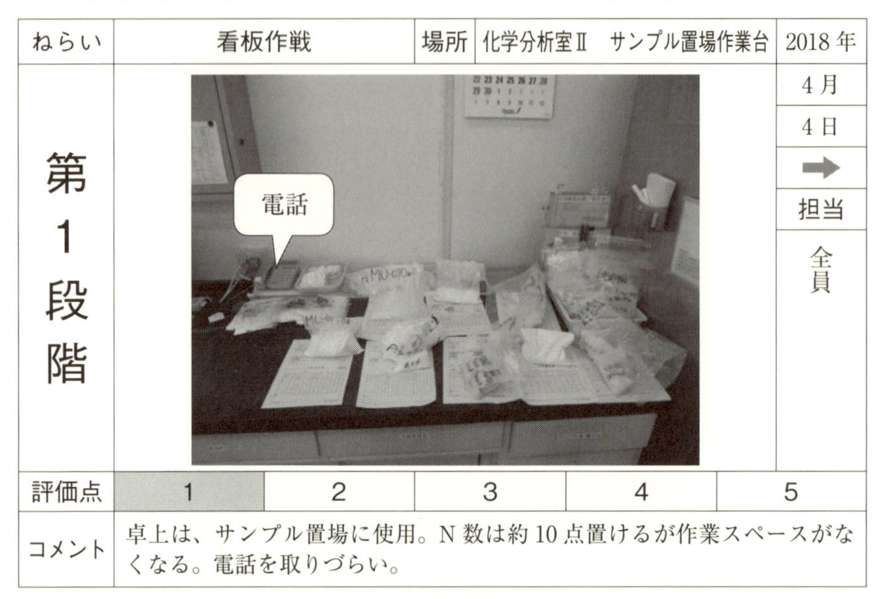

ねらい	看板作戦		場所	化学分析室Ⅱ　サンプル置場作業台	2018年
第1段階	（写真）				4月 4日 ➡ 担当 全員
評価点	1	2	3	4	5
コメント	卓上は、サンプル置場に使用。N 数は約 10 点置けるが作業スペースがなくなる。電話を取りづらい。				

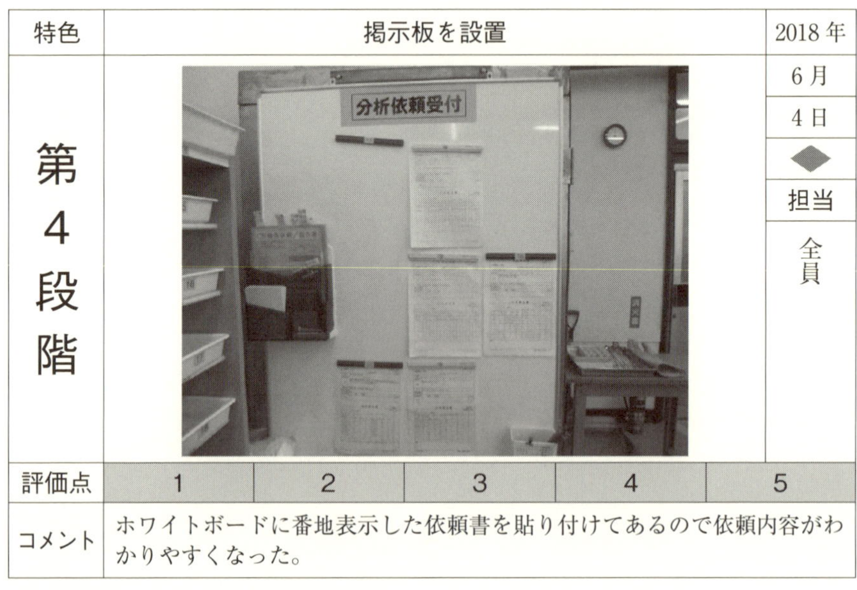

特色	掲示板を設置				2018年
第4段階	（写真）				6月 4日 ◆ 担当 全員
評価点	1	2	3	4	5
コメント	ホワイトボードに番地表示した依頼書を貼り付けてあるので依頼内容がわかりやすくなった。				

昭和電工セラミックス(株)　富山工場

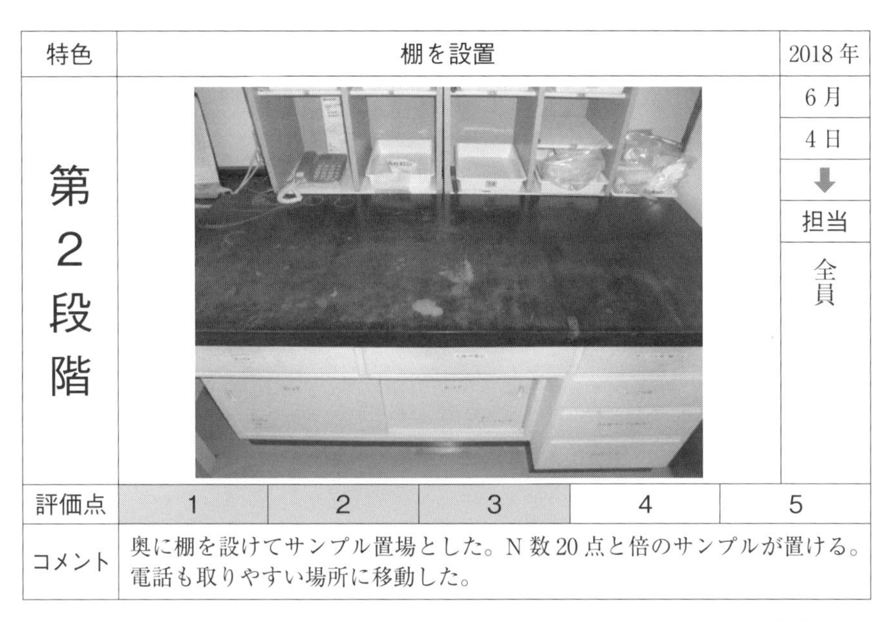

特色	棚を設置				2018年
第2段階					6月 4日 ↓ 担当 全員
評価点	1	2	3	4	5
コメント	奥に棚を設けてサンプル置場とした。N数20点と倍のサンプルが置ける。電話も取りやすい場所に移動した。				

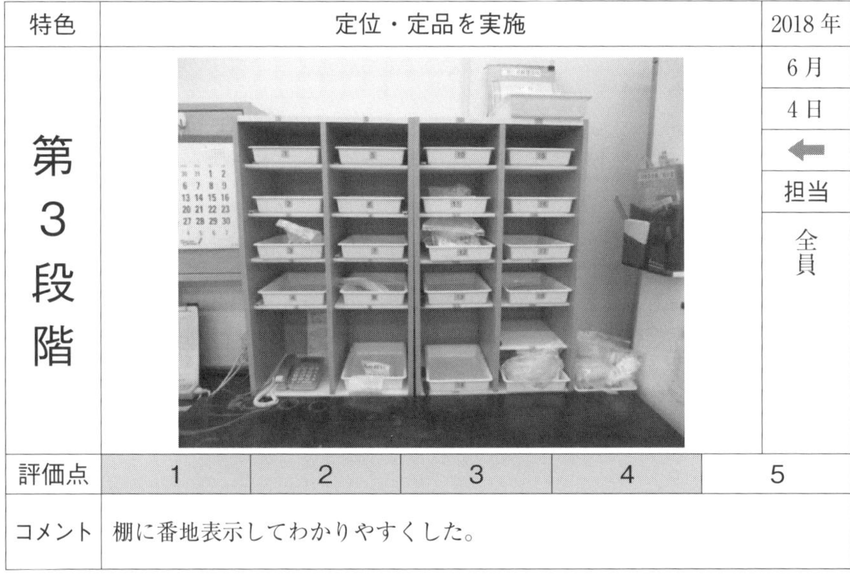

特色	定位・定品を実施				2018年
第3段階					6月 4日 ← 担当 全員
評価点	1	2	3	4	5
コメント	棚に番地表示してわかりやすくした。				

4.3.8　3定：定品

「定品」の解説については、4.2.2 項「看板作戦」「(2) 品目表示(定品)」を参照されたい。

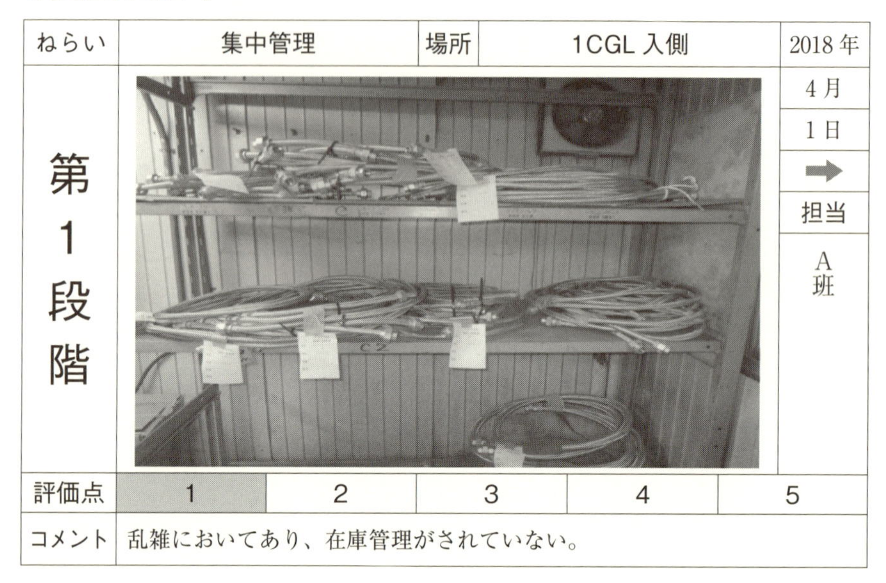

ねらい	集中管理		場所	1CGL 入側	2018 年
第1段階					4 月 1 日 ➡ 担当 A班
評価点	1	2	3	4	5
コメント	乱雑においてあり、在庫管理がされていない。				

特色					年
第4段階					月 日 担当
評価点	1	2	3	4	5
コメント					

社名：非公表

<table>
<tr><td>特色</td><td colspan="5">重ね置きから縦置きへ</td><td>2018年</td></tr>
<tr><td rowspan="5">第2段階</td><td colspan="5" rowspan="5">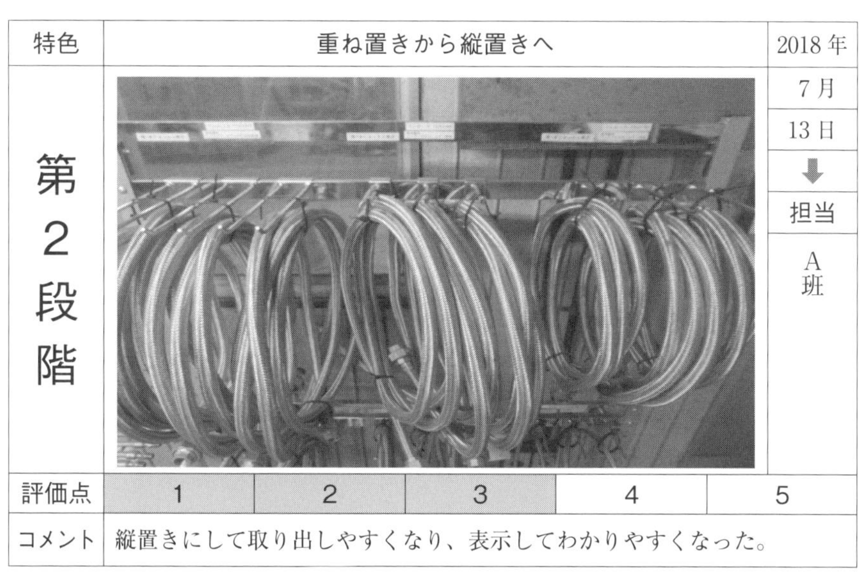</td><td>7月</td></tr>
<tr><td>13日</td></tr>
<tr><td>⬇</td></tr>
<tr><td>担当</td></tr>
<tr><td>A班</td></tr>
<tr><td>評価点</td><td>1</td><td>2</td><td>3</td><td>4</td><td colspan="2">5</td></tr>
<tr><td>コメント</td><td colspan="6">縦置きにして取り出しやすくなり、表示してわかりやすくなった。</td></tr>
</table>

<table>
<tr><td>特色</td><td colspan="5">置場をまとめた</td><td>2018年</td></tr>
<tr><td rowspan="5">第3段階</td><td colspan="5" rowspan="5">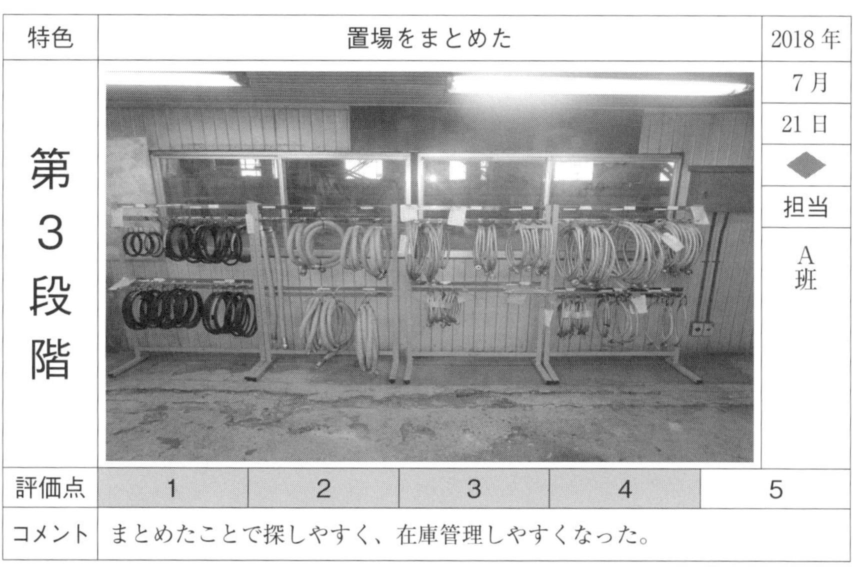</td><td>7月</td></tr>
<tr><td>21日</td></tr>
<tr><td>◆</td></tr>
<tr><td>担当</td></tr>
<tr><td>A班</td></tr>
<tr><td>評価点</td><td>1</td><td>2</td><td>3</td><td>4</td><td colspan="2">5</td></tr>
<tr><td>コメント</td><td colspan="6">まとめたことで探しやすく、在庫管理しやすくなった。</td></tr>
</table>

4.3.9　3 定：定量

「定量」の解説については、4.2.2 項「看板作戦」「(3) 量表示（定量）」を参照されたい。

<table>
<tr><td>ねらい</td><td colspan="2">整頓</td><td>場所</td><td colspan="2">1CGL 入側</td><td>2018 年</td></tr>
<tr><td rowspan="5">第
1
段
階</td><td colspan="5" rowspan="5">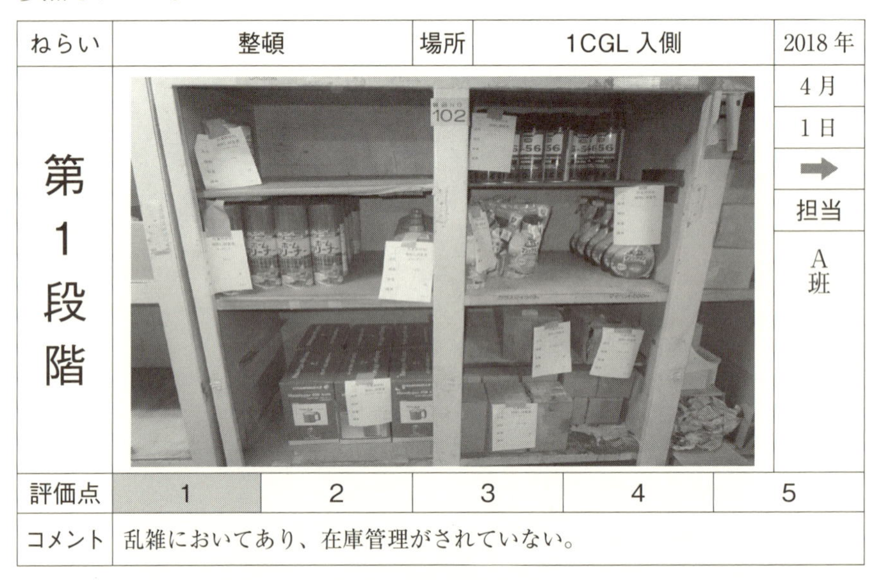
</td><td>4 月</td></tr>
<tr><td>1 日</td></tr>
<tr><td>➡</td></tr>
<tr><td>担当</td></tr>
<tr><td>A
班</td></tr>
<tr><td>評価点</td><td>1</td><td>2</td><td>3</td><td>4</td><td colspan="2">5</td></tr>
<tr><td>コメント</td><td colspan="6">乱雑においてあり、在庫管理がされていない。</td></tr>
</table>

<table>
<tr><td>特色</td><td colspan="5">3 定実施</td><td>2018 年</td></tr>
<tr><td rowspan="5">第
4
段
階</td><td colspan="5" rowspan="5">
</td><td>8 月</td></tr>
<tr><td>2 日</td></tr>
<tr><td>◆</td></tr>
<tr><td>担当</td></tr>
<tr><td>A
班</td></tr>
<tr><td>評価点</td><td>1</td><td>2</td><td>3</td><td>4</td><td colspan="2">5</td></tr>
<tr><td>コメント</td><td colspan="6">他の棚にもトレイを導入した。すべて 3 定が実施され、とてもすっきりした。</td></tr>
</table>

社名：非公表

<table>
<tr><td>特色</td><td colspan="5">ボトルホルダーを導入</td><td>2018 年</td></tr>
<tr><td rowspan="5">第
2
段
階</td><td colspan="5" rowspan="5"></td><td>7 月</td></tr>
<tr><td>13 日</td></tr>
<tr><td>⬇</td></tr>
<tr><td>担当</td></tr>
<tr><td>A
班</td></tr>
<tr><td>評価点</td><td>1</td><td>2</td><td>3</td><td>4</td><td colspan="2">5</td></tr>
<tr><td>コメント</td><td colspan="6">缶が転倒しにくくなり、取り出しやすくなった。</td></tr>
</table>

<table>
<tr><td>特色</td><td colspan="5">発注点を決定</td><td>2018 年</td></tr>
<tr><td rowspan="5">第
3
段
階</td><td colspan="5" rowspan="5">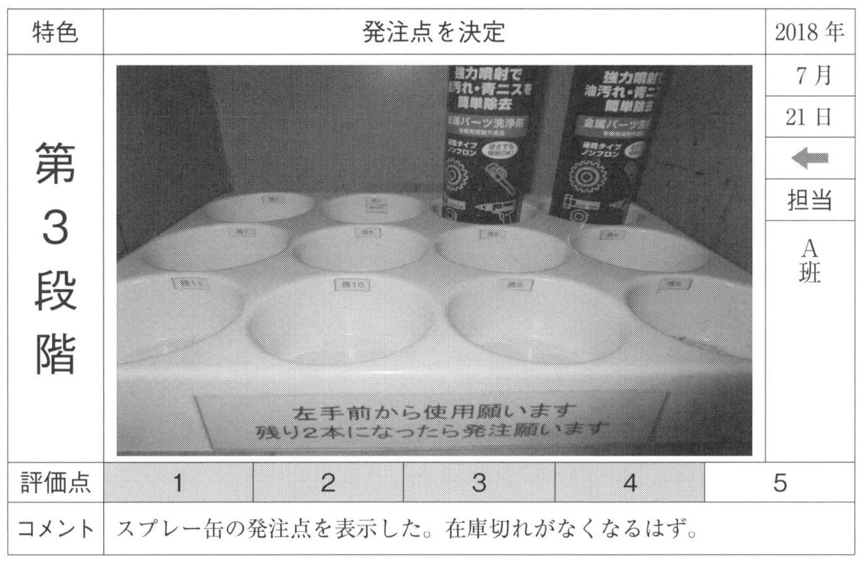
</td><td>7 月</td></tr>
<tr><td>21 日</td></tr>
<tr><td>⬅</td></tr>
<tr><td>担当</td></tr>
<tr><td>A
班</td></tr>
<tr><td>評価点</td><td>1</td><td>2</td><td>3</td><td>4</td><td colspan="2">5</td></tr>
<tr><td>コメント</td><td colspan="6">スプレー缶の発注点を表示した。在庫切れがなくなるはず。</td></tr>
</table>

4.3.10　ストライクゾーン

「ストライクゾーン」の解説については、4.2.3項「ストライクゾーン」を参照されたい。

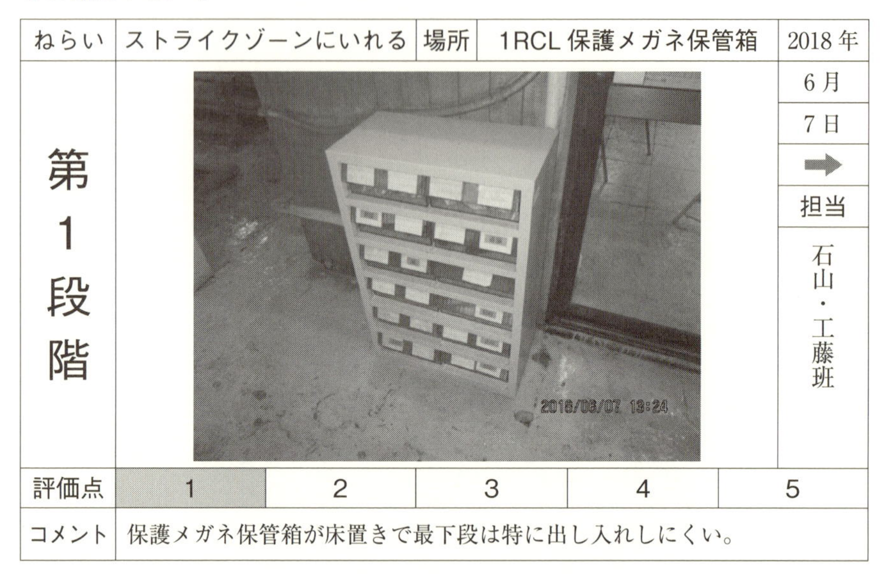

ねらい	ストライクゾーンにいれる	場所	1RCL 保護メガネ保管箱		2018年
第1段階					6月
					7日
					➡
					担当
					石山・工藤班
評価点	1	2	3	4	5
コメント	保護メガネ保管箱が床置きで最下段は特に出し入れしにくい。				

特色					年
第4段階					月
					日
					担当
評価点	1	2	3	4	5
コメント					

社名：非公表

特色	備品棚の上へ移動				2018年
第2段階					7月 6日 ⬇ 担当 石山・工藤班
評価点	1	2	3	4	5
コメント	保護メガネ保管箱を備品棚の上に乗せたが、高すぎた。				

特色	不要ロッカーを再利用した				2018年
第3段階	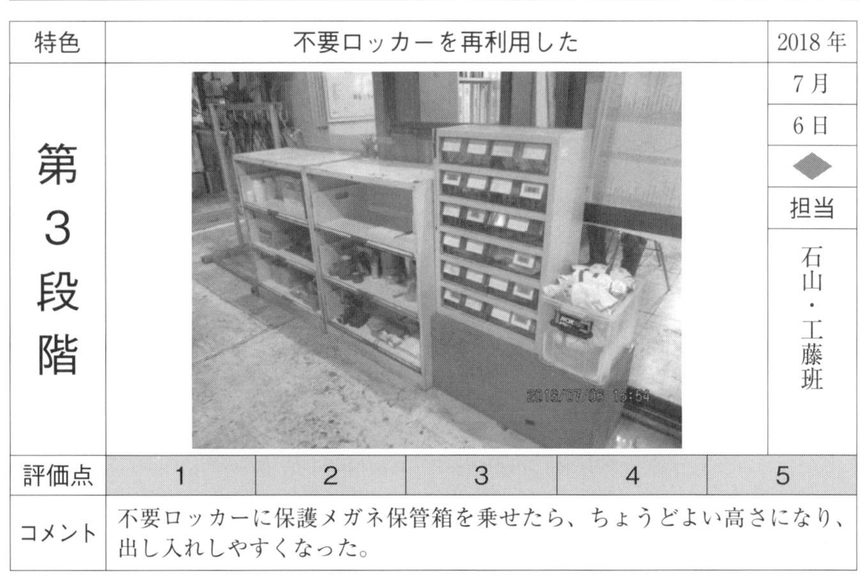				7月 6日 ◆ 担当 石山・工藤班
評価点	1	2	3	4	5
コメント	不要ロッカーに保護メガネ保管箱を乗せたら、ちょうどよい高さになり、出し入れしやすくなった。				

4.3.11　整列

「整列」の解説については4.1.3項「整列とは」を参照されたい。

ねらい	物の向き・表示		場所	中央ハウスペン入れ	2018年
第1段階					6月 6日 ⬇ 担当 丸田班
評価点	1	2	3	4	5
コメント	ペンが取り出しやすい向きになっていない。 ペン入れの表示もなく不要なペンも入っている。				

特色	物を使いやすい向きにして表示した				2018年
第2段階	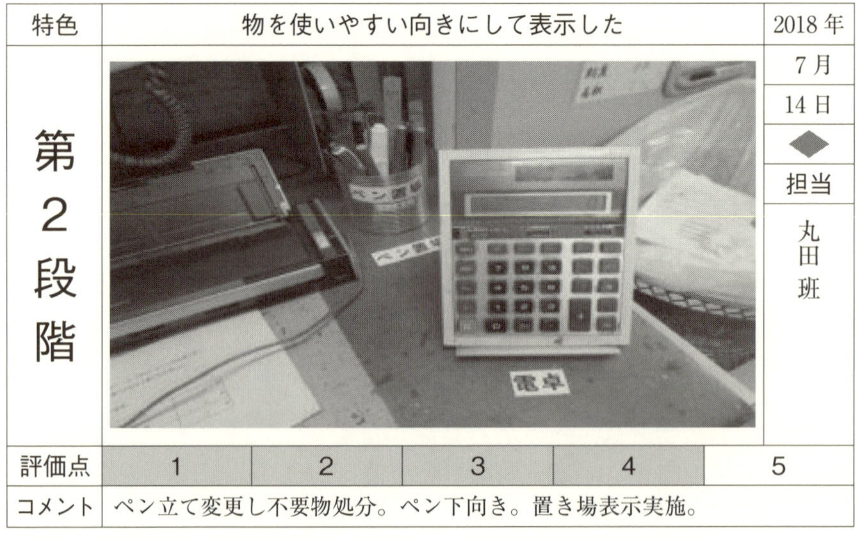				7月 14日 ◆ 担当 丸田班
評価点	1	2	3	4	5
コメント	ペン立て変更し不要物処分。ペン下向き。置き場表示実施。				

社名：非公表

4.4　整頓の実習と次回までの課題

整頓実習では現場で整頓したいモノをデジタルカメラで撮影する。撮影場所は自分の職場とし、時間が余れば共通場所も撮影する。他の職場は撮影しない。撮影者＝発表者とする。カメラ1台に3〜4人がよい(人数が多いと遊ぶだけ)。実習は1時間とし、移動も含めて迅速にテキパキ行動し、現場から指示された時刻までに帰ってくる。

4.4.1　実習のポイント

(1)　問題と思う箇所を撮影する

線引きがない箇所、看板がない箇所、ストライクゾーンでない箇所を撮影する(偏りがないようにバランスよく)。最初から改善できないから撮影しないというのは止めてほしい。実習では問題箇所の共通認識を図る程度の気持ちでよい。整頓の方法を考えるのは後でかまわない。できる理由をみんなで考えるのが改善活動である。

(2)　ブレインストーミングを取り入れる

- 判断禁止：迷ったら撮る。
- 自由奔放：楽しく。批判しない。
- 質より量：最初は撮影枚数が大切である。数をこなして訓練する。
- 結合の改善：アイデアを発展させる。これがあるならあれも。

(「ブレインストーミングの基本的なルール」については、3.2.3項参照)

4.4.2　発表のポイント

撮影した写真をプロジェクターに映し、なぜ撮影したのか、どう改善するかを発表する。前向きに、積極的に行う。恥ずかしいという気持ちは捨てる。「なぜ今までできなかったんだ！」という類の発言は、厳禁とする。発表は10分／班とする(チーム数と残り時間で発表時間は調整する)。

4.4.3　自主活動計画立案

本章の内容に対する活動計画をメンバー自身で立てる。次回(1カ月間程度)までに自分達で「何をするかのリストをつくり、誰が、いつまでに」を決める。次会合の最初に進捗を報告してもらうので、チームリーダーは進捗を把握しておくこと。

【自主活動計画における必須項目】

- 線引き基準をつくる。
- 実習の写真をもとに定点撮影チャートを作成する。
- 線引き作戦、看板作戦を実行する。

第5章

見える化(整頓その2)

5.1 見える化とは

「見える化」とは人が本来持っている責任感や、やる気を活かすために現場のあらゆる問題や事柄を顕在化させ視覚に訴えることをいう。見える化の目的は問題や実態が目に入ることにより、自主的に改善することにある。

5.1.1 見える化は見せる化である

見える化として圧力計(丸いアナログ計)を例にとってみる。流体が流れていれば針はある値を示す。一般的には、この値が正常か異常かの判断は点検表をもってきて管理値と見比べないとわからない。では圧力計に正常範囲が色塗りされていればどうだろう。わざわざ点検表をもってこなくても、圧力計を見るだけですぐに判断がつく。圧力計1つの点検時間の差はわずかかもしれない。しかし、工場には多くの計測機器があり、日々点検作業がある。点検作業量を合計すれば、この差は大きいはずである。

「見る意思がないと見えない、わからない」というのでは「見える化」されているとはいえない。問題や情報をオープンにすることも「見える化」ではない。見ようと思わなくても問題が目に飛び込んでくる状態が「見える化」である。見える化の本質は「見せる化」である。そして「すぐわかる」という整頓につながっている(だから見える化を整頓その2とした)。見える化のプロセスをもう少し詳しくフローで見てみよう(図表5.1)。

もし、圧力計に正常範囲が色塗りされていなかったらどうだろうか。正常か異常かは点検のときしか気にしなくなる。

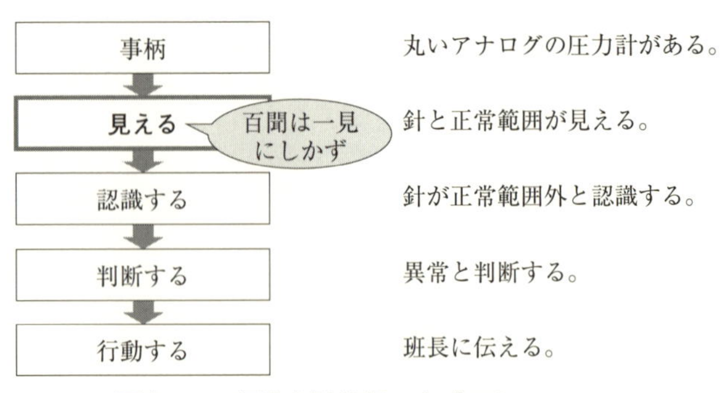

図表5.1　行動を引き起こすプロセス

人は意識しないと認識できない、記憶に残らない生き物である。例えば、毎日通る工場の入り口にかかっている看板は何個あるか。看板に何と書いてあるか覚えているだろうか。正確に覚えている人は意外と少ない。だから、作業員に意識させる、問題が目に飛び込んでくる「見える化」に価値がある。問題がわかれば行動を起こす。その本能に訴えて自律的行動を促すのが見える化の本質である。見たくなくても目に飛び込んでくる「見せる化」の状態をどうつくるか、それには知恵が必要である。ぜひみんなで考えてほしい。

5.1.2　見える化における管理職の役割

管理職には見える化は人づくりであると伝えたい。見るのはあくまで「人」である。見せようとする意志と知恵がなければ見える化は実現できない。そのためには、人の教育が重要で、一朝一夕にできるものではなく、継続的な教育と実践が必要になる。見える化に根気よく取り組み、整頓のレベルアップと現場力の向上を図ってほしい。

5Sに取り組むと現場力が上がるという説明をしておきたい。現場力とは、自律的問題解決能力である。決められた日常業務をこなすだけでなく、現場で発生するさまざまな「問題」を当事者として解決しようとする力である。しかし、まずは問題が問題であると認識しないと改善は進まない。

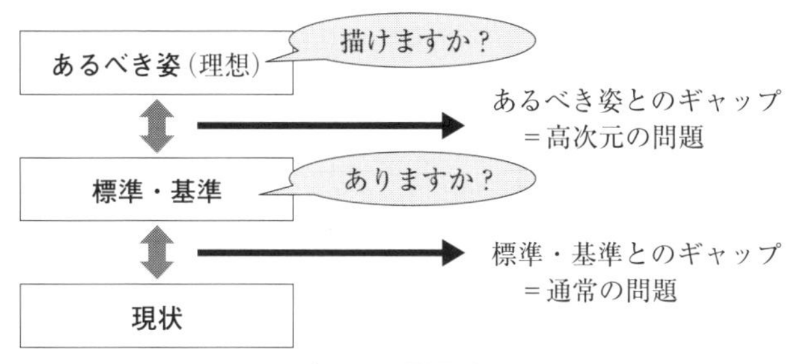

図表 5.2　問題とは

では問題とは何か。問題とは理想と現実のギャップをいう。5S に取り組むうえでの問題は 2 つある(図表 5.2)。

1 つはあるべき姿と標準・基準のギャップである。整理では工場が必要なモノだけあるのがあるべき姿(理想)である。必要なモノの定義が曖昧だと整理が進みにくいので、あるべき姿を標準・基準に落とし込んだ「捨てる基準」をつくる。あるべき姿と標準・基準にギャップがないかは活動を進めながら管理職がよくチェックしてほしい(社員だけではなかなか難しい)。

もう 1 つは標準・基準と現状のギャップである。標準・基準と現状を考察して問題(整理では現場に不要品があるという問題)を発見する役割は社員である。管理職は現状に満足せず、競合他社を圧倒しようとする高い志をもって、社員が問題を発見できるように導いてほしい。問題を発見し認識すれば、社員は自律的に問題を解決していくはずである。その結果、現場力は上がっていく。

5.2　見える化の手法

5.2.1　現物表示確認

メーター類の正常値の範囲が一目でわかるよう表示する(図表 5.3)。なお、現物表示確認の定点撮影チャート作成例については、5.3.2 項を参照

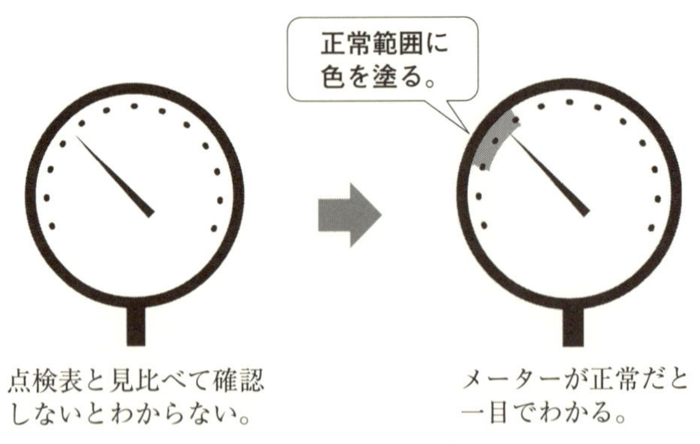

図表5.3　現物表示確認

されたい。

5.2.2　色別管理

色別管理とは似たようなモノを取り違えないように色別に管理することである。

(1)　原材料の色別管理

原材料の違いによる不良が発生しないように、原材料置場とフレキシブルコンテナバッグ(フレコン)に色を塗って表示する(図表5.4)。

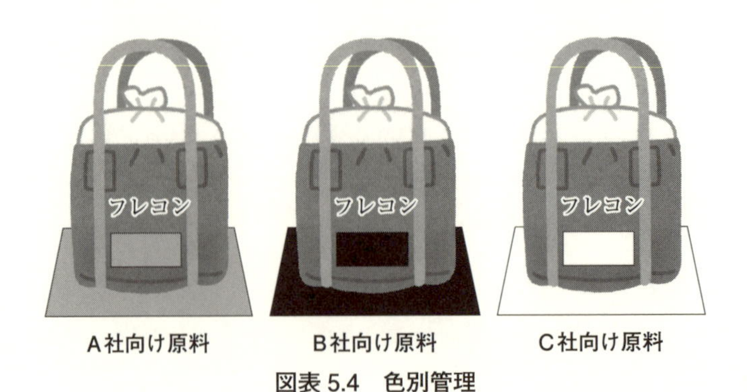

図表5.4　色別管理

日本理化学工業は社員の70%以上が知的障がい者である(2019年2月現在)。障がいのある社員が、まず今ある能力で仕事ができるように、そしてより能力を高めていけるように、作業方法を改善し、環境づくりに努めている。同社では原材料の色別管理を実践している。赤のバケツにある材料は赤の分銅を使い秤量し、青のバケツにある材料は青の分銅を使い秤量している[10]。

(2) 工具の色別管理

現場のどこでも使うような工具(ドライバーやモンキーレンチなど)は使った後、どこに戻すかわからなくなりがちである(特に交代勤務職場)。そういった工具に色塗りをしておく。例えば押出工程の工具は緑、射出工程の工具はピンクというように決めればよい。

5.2.3 オープン化

オープン化とは扉、蓋を捨て、外から見えるようにすることである。扉、蓋があるとロッカーや戸棚、工具箱に不要なモノをしまってしまう(隠す化)。見えない置場は乱れる。扉、蓋をなくし、丸見えにすれば整理、整頓せざるをえない。「せざるを得ない」状況にする工夫が大事である(見える化)。ただし、埃を嫌う測定機器や精密部品、危険な薬剤などの置場に扉があるのは問題ない(扉が透明であるとなおよい)。状況に応じて判断してほしい。

オープン化してほしい箇所をいくつか紹介する。

(1) 個人ロッカー

現場の中の個人ロッカーは本当に必要か考える。余計な私物が自慢と嫉妬を生み、人間関係を悪化させる。

(2)　工具箱

工具箱は基本的に廃止し、機械ごとに必要な治工具を設置する。治工具置場は縦(斜め)にして、すぐに取れるようにする。または治工具を置く位置に線や絵で表示し、置き場所、置き方(置く向き)がすぐわかるようにする。これを姿置き(形跡整頓)という。機械ごとに置く治工具は手持ち基準をつくっておけば、戻ってこない工具のチェックがしやすい。

さまざまな設備に移動して段取りする工場では、段取り専用台車を用意すると、わかりやすい、取りやすい、戻しやすいが実現できる。

5.2.4　資料、書類の見える化

(1)　オープン化

資料を探しやすく、取りやすく、戻しやすくすることを考えると、資料保管の原則もオープン化である。書棚の扉はなくす(ただし、機密文書はクローズで問題ない)。また、1部署1資料として共有化し、できるだけ個人で資料は持たないようにする。

(2)　用紙、ファイル、背表紙の標準化

用紙サイズは基本的にA4判に統一する。内容によってはA3判を認める。B判は使わない。B判のコピー用紙やファイルを管理する手間が省ける。

さまざまなメーカーのファイルがあるが、同じメーカーに統一したほうが、使い勝手と見栄えがよく、在庫管理が楽になる。ただし、今あるファイルを更新する必要はない。今後購入するファイルを標準化すれば十分である。

ファイル背表紙の表示方法を統一する(表示基準)。背表紙用のテンプレートを使うと標準化できるが手間でもある。簡易版として保管期限と序列表示のための斜め線をいれるという背表紙基準を設けるという方法もある(図表5.5)。工場のこれまでの管理方法と照らし合わせて標準化してほ

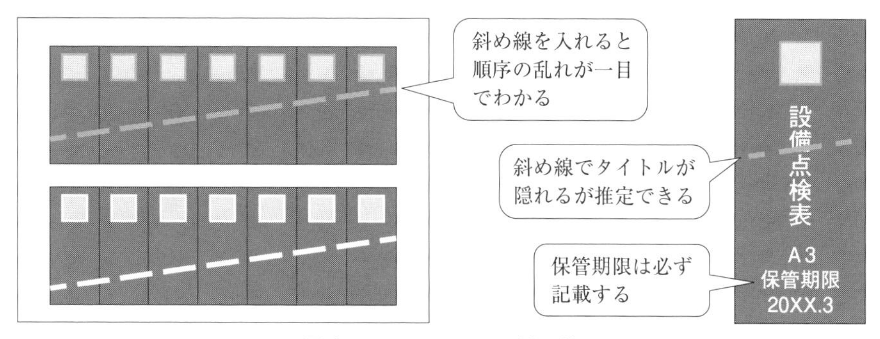

図表 5.5　ファイルの斜め線

しい。

5.2.5　目で見る掲示板

掲示板により、作業の状況が目で見てわかるようにする(図表5.6)。掲示板の情報が多すぎても見なくなるので、工場で注力している課題でよい。5S活動中は社員の参加率や定点撮影チャートの進捗率などを常に最新の情報に更新するようにお願いしている。品質クレームは現場で共有したい課題なので、対策状況を表示しておくとよい。

掲示物は古い情報がいつまでは掲示されていて、誰も見ていない状況が散見される。古い情報が掲示板に滞留しないように、許可者、掲示期間、チェック方法の原則を掲示物基準としてまとめておく。

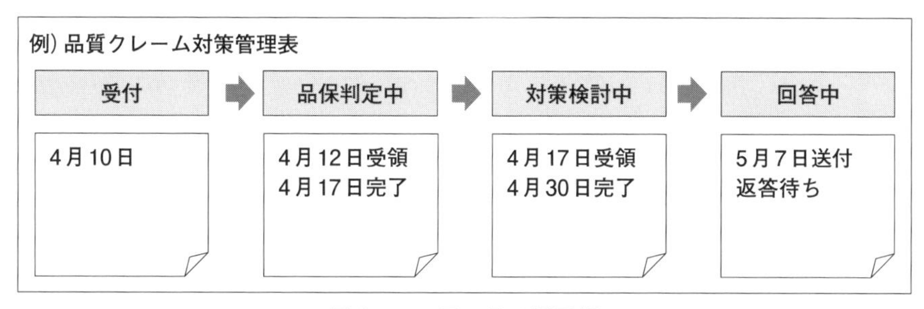

図表 5.6　目で見る掲示板

5.2.6　一発整頓

一発整頓とは工具を使い終えたら、自動で元に戻るようにすることである。使い終えて戻すのはムダと考えて、元に戻す作業を効率的にする。バネの力でもとの位置に戻る吊り下げ式工具などを用いて、作業を終えて手を離すと、一発で工具が元に戻るようにすると楽である(図表5.7)。

図表5.7　一発整頓

5.2.7　工具レス化

先ほど、工具を元に戻すムダをなくすと書いたが、そもそも工具をなくせないかという考え方が「工具レス化」である。例えばスパナやレンチは回す工具である。回す工具とネジ類を組み合わせたような、ノブボルトや蝶ボルトを活用すれば工具レス化できる(図表5.8)。締め付け作業はクランプレバーがよい。ぜひ現場で工具レス化を考えてほしい。ちょっとした「あったらいいな」が改善につながる。今はインターネットで工具レス化を実現するさまざまな機械部品が探せる。

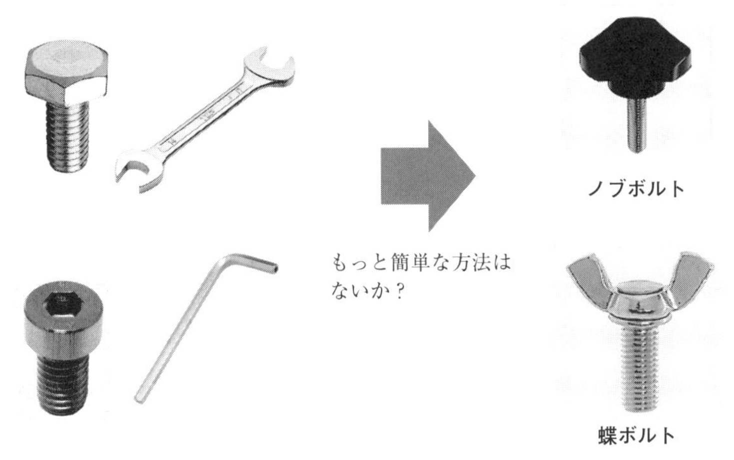

図表 5.8　工具レス化

5.2.8　コンビニ化

日常生活ではコンビニエンスストアの陳列が整頓のヒントになる。狭いスペースの中で約3000点もの商品がわかりやすく並べてある。その陳列方法の真似をして、自社をコンビニのようにしてみる。

(1)　サイズの原則

コンビニは商品の場所が固定されていて、探しやすい。雑誌は窓側、飲料は壁側、弁当、おにぎりはレジの近くと決められており、たまに利用する人でも、すぐにほしい商品を見つけられる。工場ではボルト、ナット、ベアリング、ベルトなど、数サイズの部品をいろいろな場所で在庫しているので、小さい(軽い)　ものを上／左、大きい(重い)ものを下／右という原則にしておけば、どこの場所で探しても、見つけやすくなる。

(2)　ストライクゾーン

コンビニではストライクゾーン(人が取りやすい高さ：4.2.3項参照)に売れる商品を配置している。子供向けのお菓子や玩具は、子供に合わせて棚の下側にある。工場ではよく出し入れする（使用頻度が高い）モノをストライクゾーンの中心の高さへ置く。かつ、あまり歩かなくてすむ入口の近くへ置く（動線が短くなる場所に置く）。

(3)　透明化

コンビニでは冷凍品の扉は透明で外から見えるようになっている。アイスクリームの冷凍ショーケースは蓋さえない。工場でも扉や蓋がないのは基本であるが、扉や蓋が必要な場所は透明なガラスや透明なプラスチックに変える。

(4)　先入れ先出し

コンビニでは飲料の棚に傾斜がついており、反対側から飲料を補充することで、先に入れたものが先に出ていく。工場ではすべての棚に傾斜をつける必要はないが、使用頻度が多いモノ、消費期限がある消耗品の置き方は先入れ先出しを意識してほしい。

5.3　見える化の定点撮影チャート

5.3.1　使わない整頓（工具レス）

「工具レス」の解説については、5.2.7 項「工具レス化」を参照されたい。

ねらい	工具レス		場所	PS07	2018 年
第1段階					5 月 / 17 日 / ⬇ / 担当 / 西川
評価点	1	2	3	4	5
コメント	配電盤開閉扉に工具が必要である。				

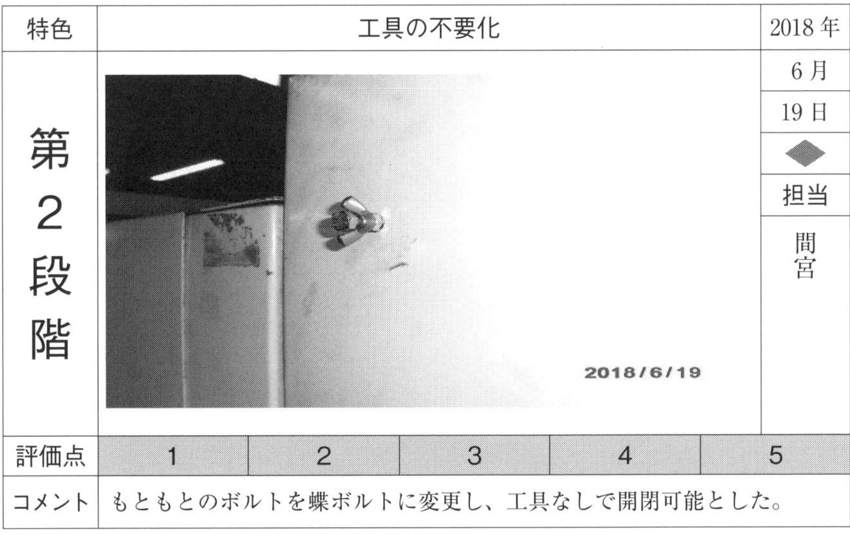

特色	工具の不要化				2018 年
第2段階					6 月 / 19 日 / ◆ / 担当 / 間宮
評価点	1	2	3	4	5
コメント	もともとのボルトを蝶ボルトに変更し、工具なしで開閉可能とした。				

富士変速機㈱　美濃工場

5.3.2　現物表示確認

「現物表示確認」の解説については、5.2.1項「現物表示確認」を参照されたい。

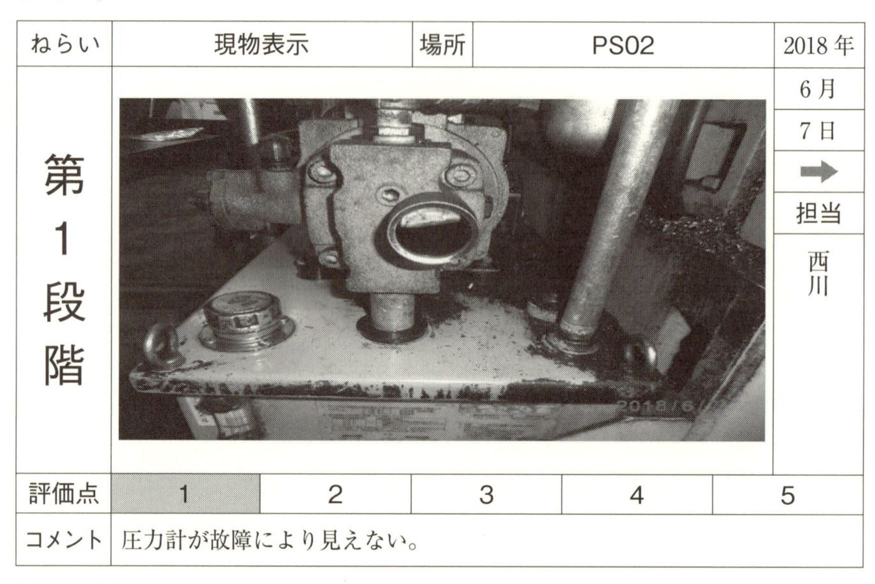

ねらい	現物表示	場所	PS02		2018年
第1段階					6月 7日 ➡ 担当 西川
評価点	1	2	3	4	5
コメント	圧力計が故障により見えない。				

特色					年
第4段階					月 日 担当
評価点	1	2	3	4	5
コメント					

富士変速機㈱　美濃工場

<table>
<tr><td>特色</td><td colspan="5">圧力計を新品に交換した</td><td>2018 年</td></tr>
<tr><td rowspan="6">第
2
段
階</td><td colspan="5" rowspan="6">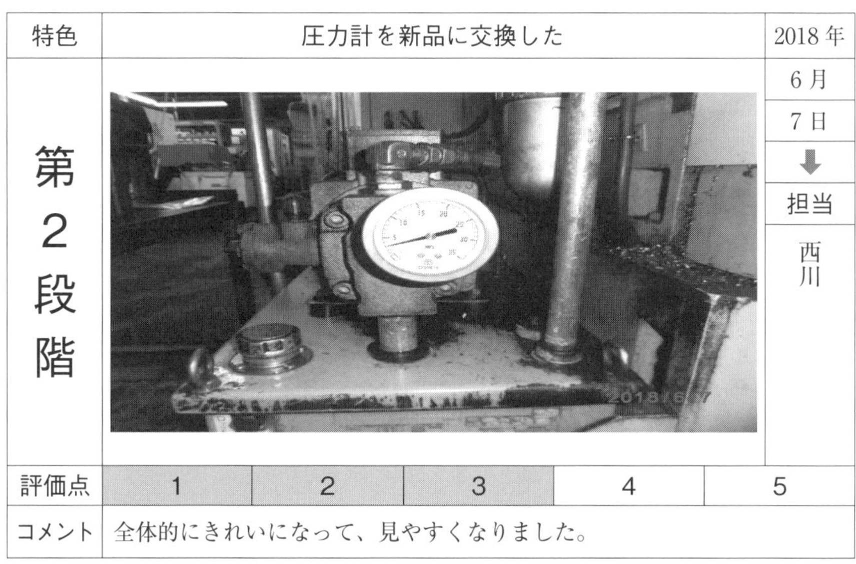</td><td>6 月</td></tr>
<tr><td>7 日</td></tr>
<tr><td>⬇</td></tr>
<tr><td>担当</td></tr>
<tr><td>西川</td></tr>
<tr><td></td></tr>
<tr><td>評価点</td><td>1</td><td>2</td><td>3</td><td>4</td><td colspan="2">5</td></tr>
<tr><td>コメント</td><td colspan="6">全体的にきれいになって、見やすくなりました。</td></tr>
</table>

<table>
<tr><td>特色</td><td colspan="5">正常範囲を表示した</td><td>2018 年</td></tr>
<tr><td rowspan="6">第
3
段
階</td><td colspan="5" rowspan="6">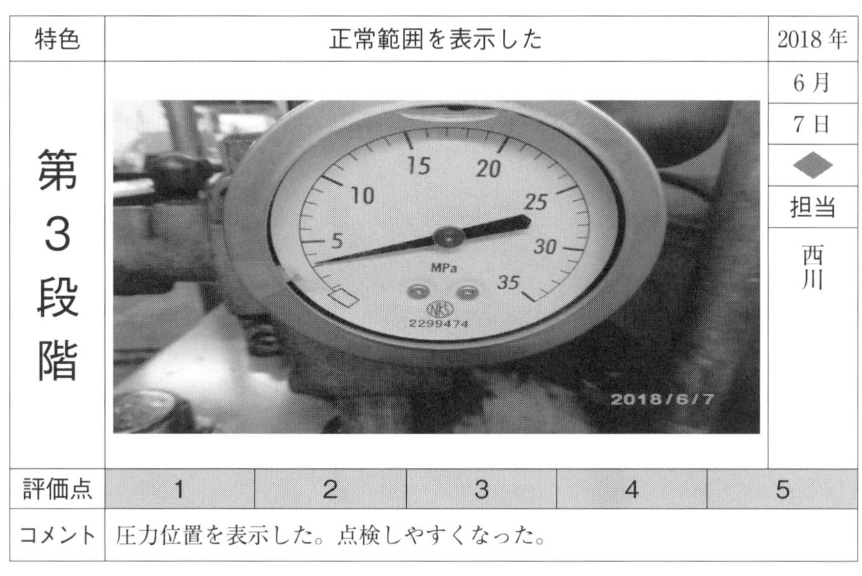</td><td>6 月</td></tr>
<tr><td>7 日</td></tr>
<tr><td>◆</td></tr>
<tr><td>担当</td></tr>
<tr><td>西川</td></tr>
<tr><td></td></tr>
<tr><td>評価点</td><td>1</td><td>2</td><td>3</td><td>4</td><td colspan="2">5</td></tr>
<tr><td>コメント</td><td colspan="6">圧力位置を表示した。点検しやすくなった。</td></tr>
</table>

5.3.3　色別管理

「色別管理」の解説については、5.2.2 項「色別管理」を参照されたい。

ねらい	色別管理	場所	MC50		2018 年
第1段階					5 月 9 日 ➡ 担当 金井 藤川
評価点	1	2	3	4	5
コメント	工具の管理ができていなかったので、各機械で使う工具を選出した。				

特色					年
第4段階					月 日 担当
評価点	1	2	3	4	5
コメント					

富士変速機㈱　美濃工場

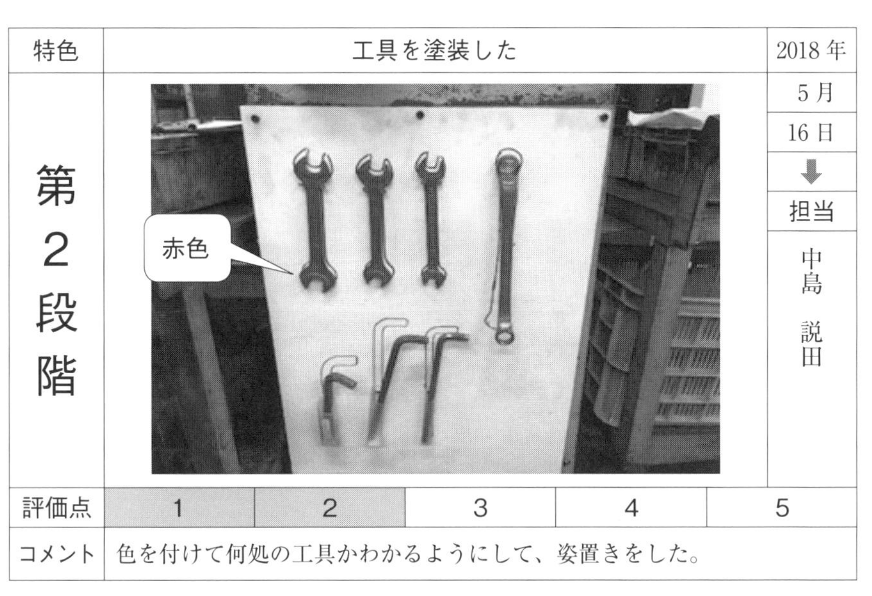

特色	工具を塗装した				2018年
第2段階					5月 16日 ↓ 担当 中島 説田
評価点	1	2	3	4	5
コメント	色を付けて何処の工具かわかるようにして、姿置きをした。				

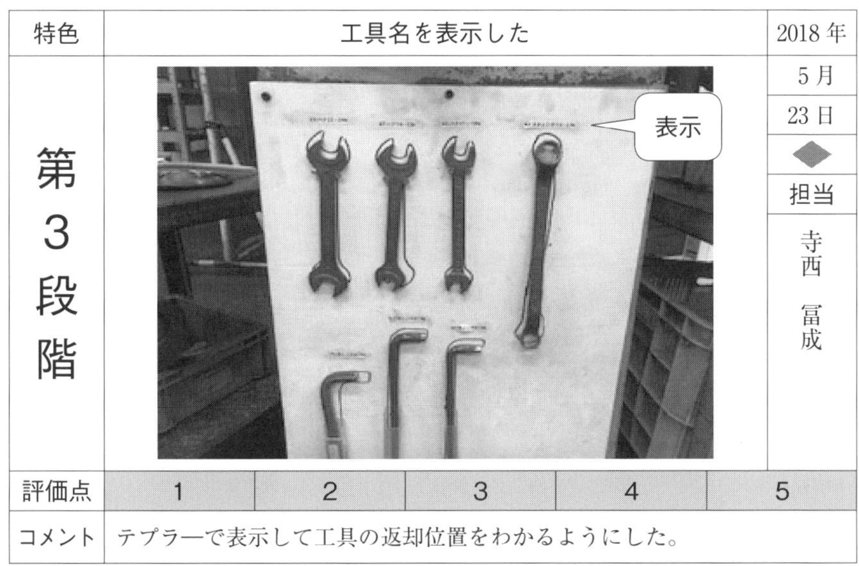

特色	工具名を表示した				2018年
第3段階					5月 23日 ◆ 担当 寺西 冨成
評価点	1	2	3	4	5
コメント	テプラーで表示して工具の返却位置をわかるようにした。				

5.3.4　オープン化

「オープン化」の解説については、5.2.3 項「オープン化」を参照されたい。

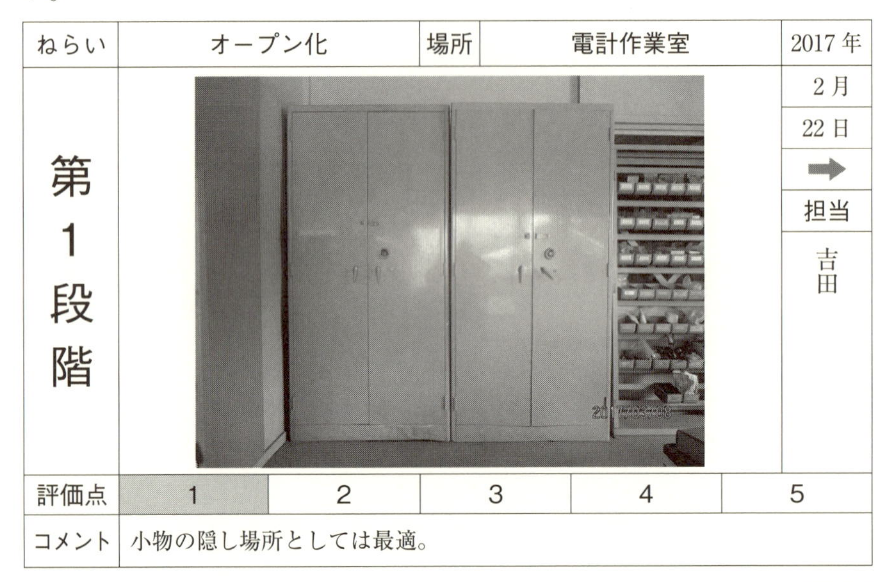

ねらい	オープン化		場所	電計作業室	2017 年
第1段階					2 月
					22 日
					➡
					担当
					吉田
評価点	1	2	3	4	5
コメント	小物の隠し場所としては最適。				

特色					年
第4段階					月
					日
					担当
評価点	1	2	3	4	5
コメント					

昭和電工セラミックス㈱　富山工場

<table>
<tr><td>特色</td><td colspan="4">赤札作戦実施</td><td>2017 年</td></tr>
<tr><td rowspan="5">第
2
段
階</td><td colspan="4" rowspan="5">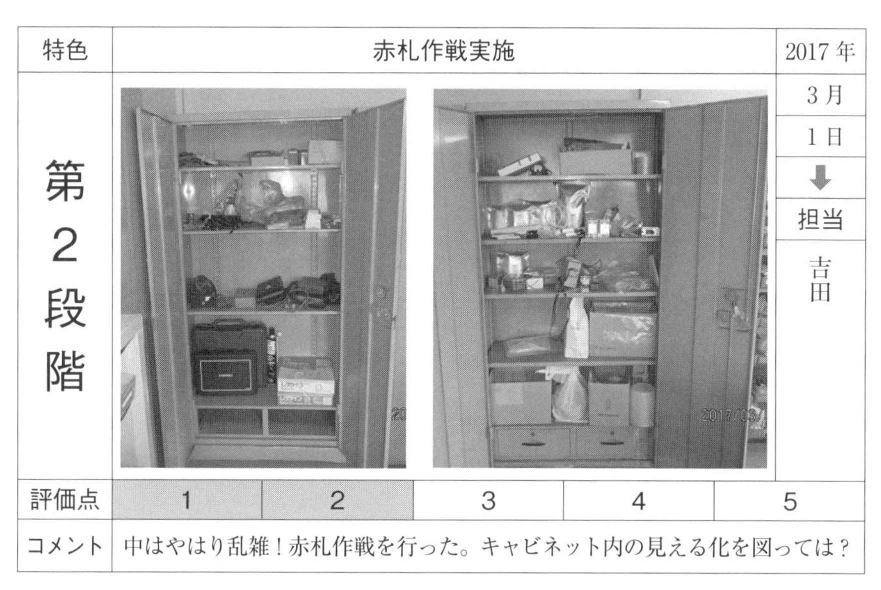</td><td>3 月</td></tr>
<tr><td>1 日</td></tr>
<tr><td>⬇</td></tr>
<tr><td>担当</td></tr>
<tr><td>吉田</td></tr>
<tr><td>評価点</td><td>1</td><td>2</td><td>3</td><td>4</td><td>5</td></tr>
<tr><td>コメント</td><td colspan="5">中はやはり乱雑！赤札作戦を行った。キャビネット内の見える化を図っては？</td></tr>
</table>

<table>
<tr><td>特色</td><td colspan="4">キャビネットの扉撤去</td><td>2017 年</td></tr>
<tr><td rowspan="5">第
3
段
階</td><td colspan="4" rowspan="5"></td><td>3 月</td></tr>
<tr><td>8 日</td></tr>
<tr><td>◆</td></tr>
<tr><td>担当</td></tr>
<tr><td>吉田</td></tr>
<tr><td>評価点</td><td>1</td><td>2</td><td>3</td><td>4</td><td>5</td></tr>
<tr><td>コメント</td><td colspan="5">扉を撤去しオープン化した。今後は中身の 5S をやるぞ。</td></tr>
</table>

5.3.5　形跡整頓(姿置き)

「形跡整頓(姿置き)」の解説については、5.2.3項「オープン化」「(2)工具箱」を参照されたい。

ねらい	姿置き		場所	PS04	2017年
第1段階	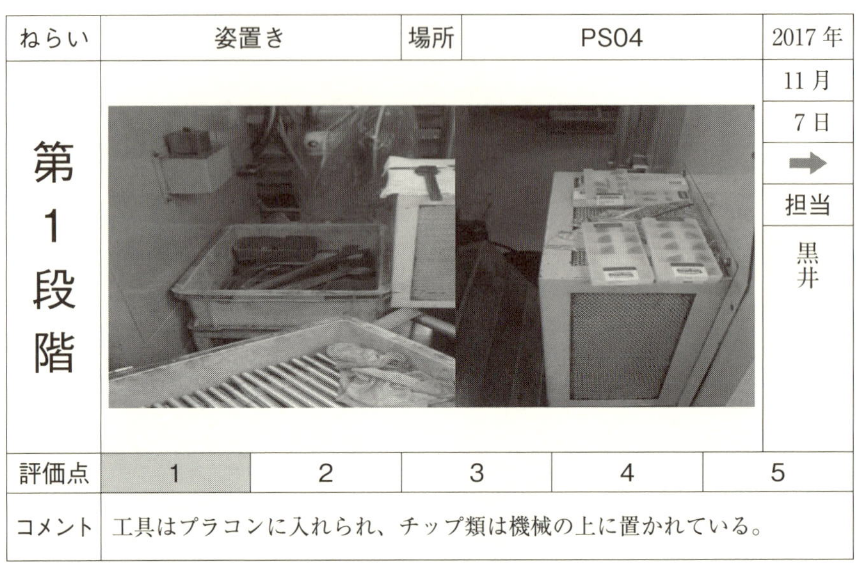				11月 7日 ➡ 担当 黒井
評価点	1	2	3	4	5
コメント	工具はプラコンに入れられ、チップ類は機械の上に置かれている。				

特色	チップの定置化				2017年
第4段階	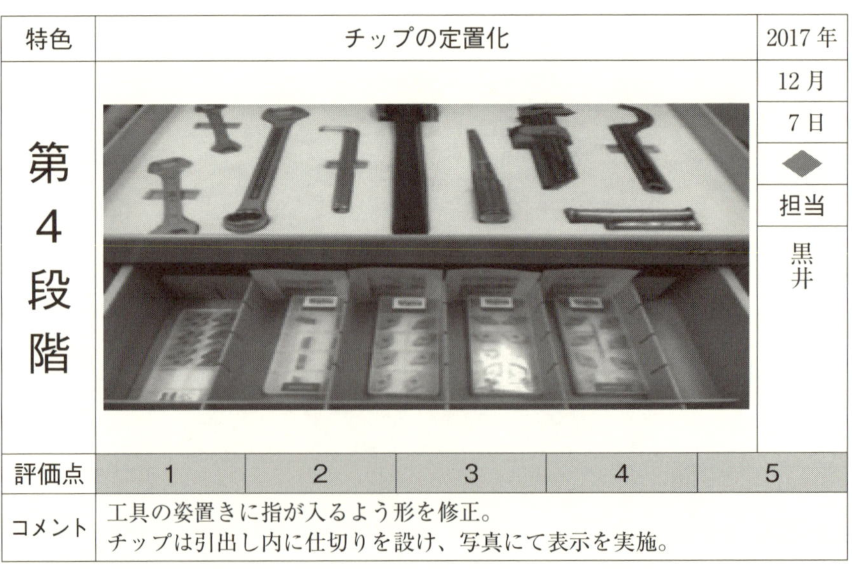				12月 7日 ◆ 担当 黒井
評価点	1	2	3	4	5
コメント	工具の姿置きに指が入るよう形を修正。 チップは引出し内に仕切りを設け、写真にて表示を実施。				

富士変速機㈱　美濃工場

特色	工具の置場表示	2017年
第2段階	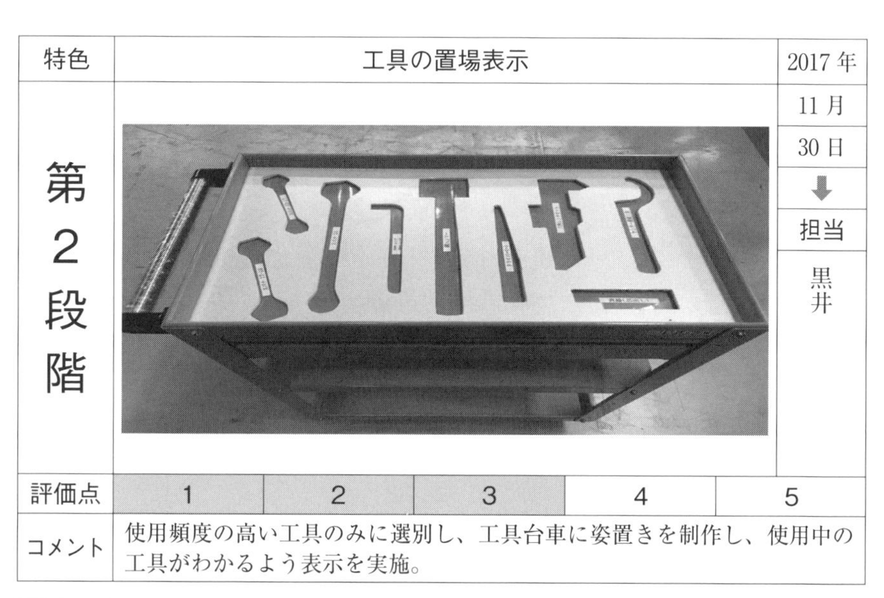	11月 30日 ⬇ 担当 黒井

評価点	1	2	3	4	5
コメント	使用頻度の高い工具のみに選別し、工具台車に姿置きを制作し、使用中の工具がわかるよう表示を実施。				

特色	工具の収納	2017年
第3段階	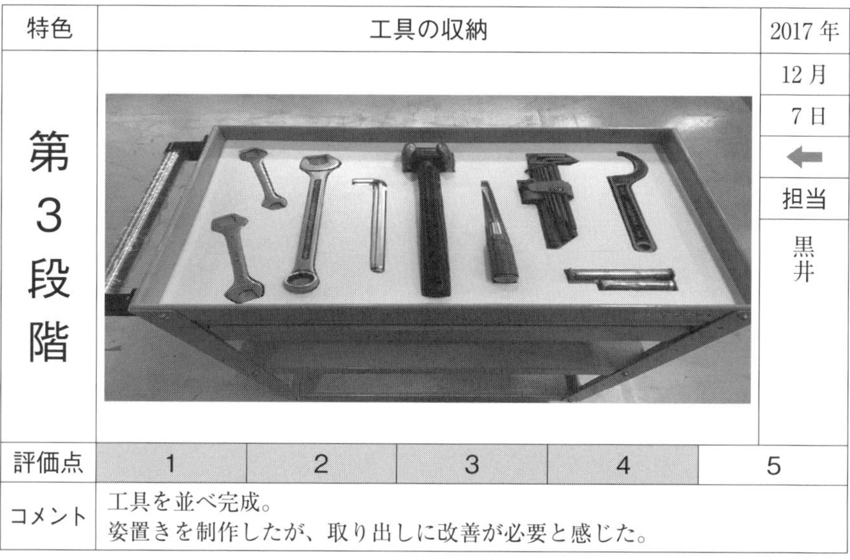	12月 7日 ⬅ 担当 黒井

評価点	1	2	3	4	5
コメント	工具を並べ完成。 姿置きを制作したが、取り出しに改善が必要と感じた。				

5.3.6　書類の整頓

「書類の整頓」の解説については、5.2.4項「資料、書類の見える化」を参照されたい。

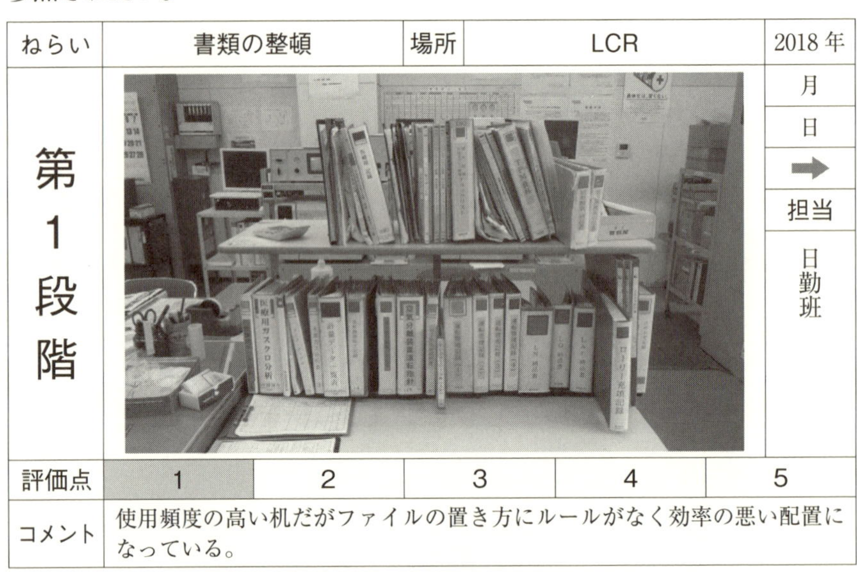

ねらい	書類の整頓		場所	LCR	2018年
第1段階					月 日 → 担当 日勤班
評価点	1	2	3	4	5
コメント	使用頻度の高い机だがファイルの置き方にルールがなく効率の悪い配置になっている。				

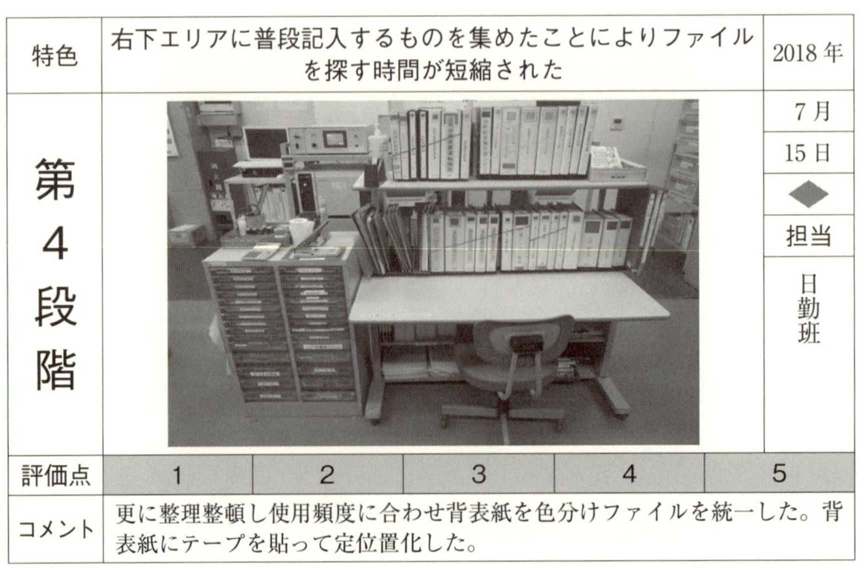

特色	右下エリアに普段記入するものを集めたことによりファイルを探す時間が短縮された				2018年
第4段階					7月 15日 ◆ 担当 日勤班
評価点	1	2	3	4	5
コメント	更に整理整頓し使用頻度に合わせ背表紙を色分けファイルを統一した。背表紙にテープを貼って定位置化した。				

昭和電工セラミックス㈱　富山工場

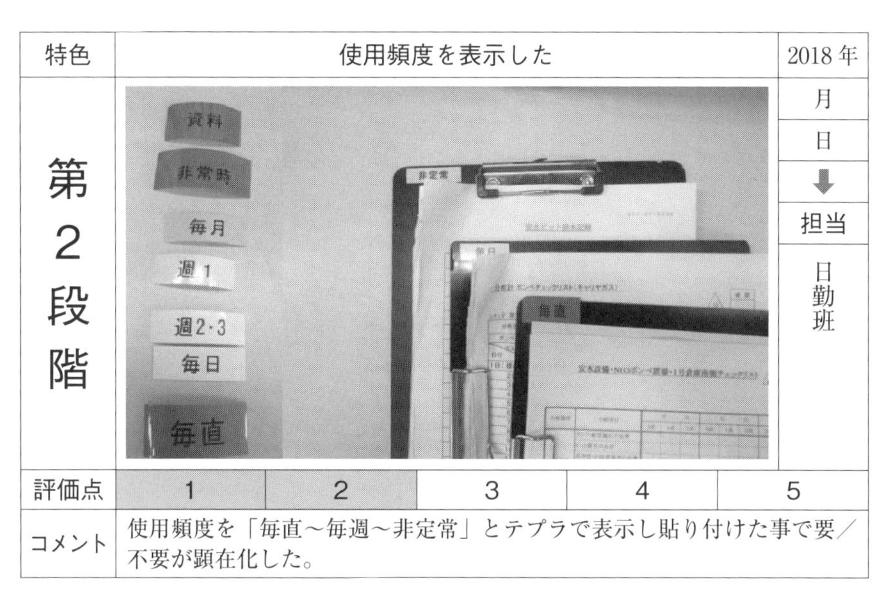

特色	使用頻度を表示した				2018年
第2段階	（写真）				月 日 ↓ 担当 日勤班
評価点	1	2	3	4	5
コメント	使用頻度を「毎直～毎週～非定常」とテプラで表示し貼り付けた事で要／不要が顕在化した。				

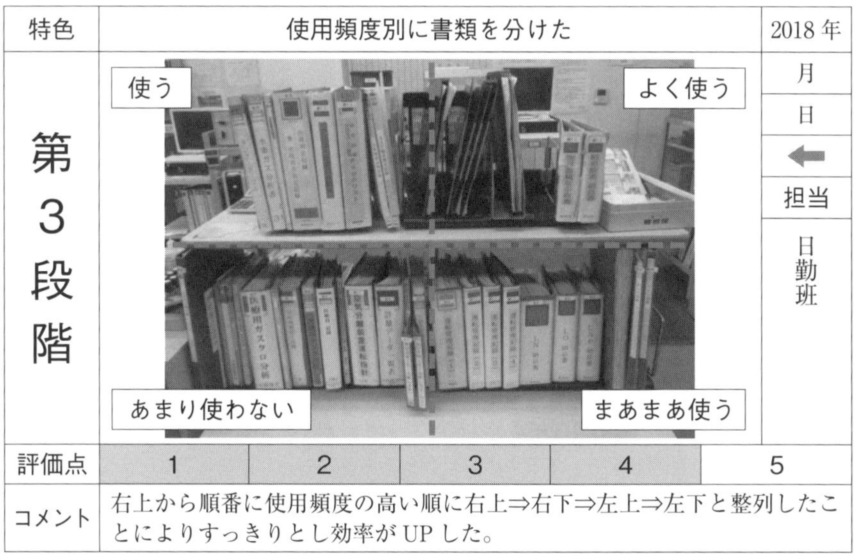

特色	使用頻度別に書類を分けた				2018年
第3段階	（写真）				月 日 ← 担当 日勤班
評価点	1	2	3	4	5
コメント	右上から順番に使用頻度の高い順に右上⇒右下⇒左上⇒左下と整列したことによりすっきりとし効率がUPした。				

5.3.7　目で見る掲示板

「目で見る掲示板」の解説については、5.2.5項「目で見る掲示板」を参照されたい。

ねらい	切削油の濃度管理	場所	オイル置場		2017年
第1段階	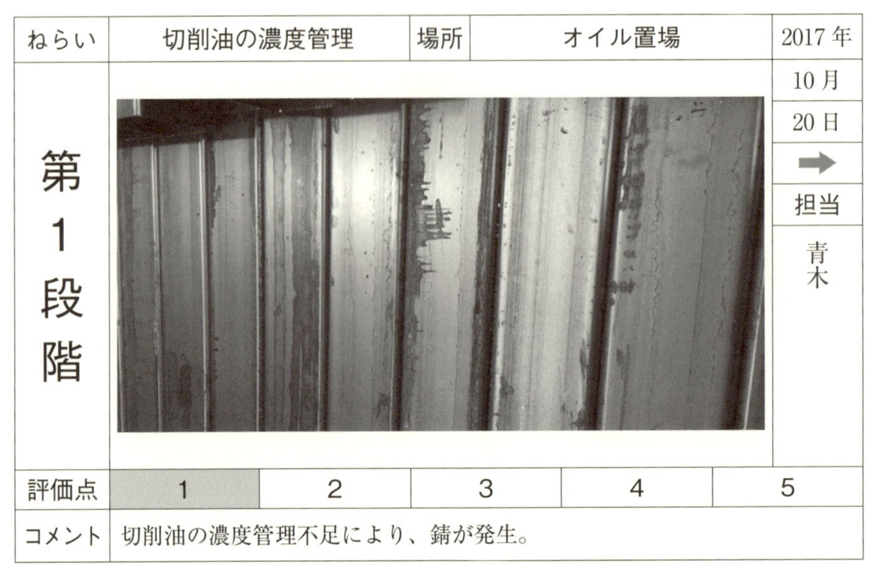				10月 20日 ➡ 担当 青木
評価点	1	2	3	4	5
コメント	切削油の濃度管理不足により、錆が発生。				

特色	表示の実施				2018年
第4段階	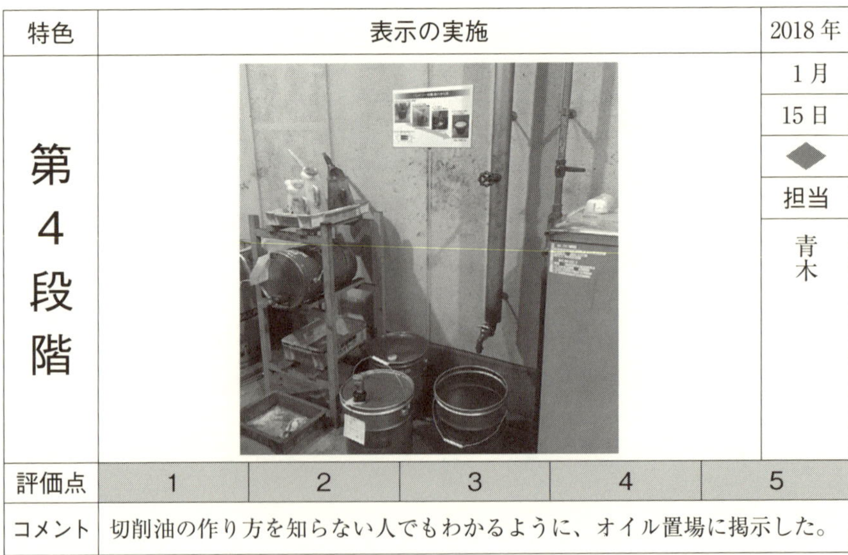				1月 15日 ◆ 担当 青木
評価点	1	2	3	4	5
コメント	切削油の作り方を知らない人でもわかるように、オイル置場に掲示した。				

富士変速機㈱　テクノパーク工場

<table>
<tr><td>特色</td><td colspan="4">切削油の作り方は？</td><td>2017年</td></tr>
<tr><td rowspan="5">第2段階</td><td colspan="4" rowspan="5"></td><td>11月</td></tr>
<tr><td>20日</td></tr>
<tr><td>↓</td></tr>
<tr><td>担当</td></tr>
<tr><td>青木</td></tr>
<tr><td>評価点</td><td>1</td><td>2</td><td>3</td><td>4</td><td>5</td></tr>
<tr><td>コメント</td><td colspan="5">口頭のみの指示で切削油の作り方はオイル置場に標記されていない。</td></tr>
</table>

<table>
<tr><td>特色</td><td colspan="4">標示を製作</td><td>2017年</td></tr>
<tr><td rowspan="5">第3段階</td><td colspan="4" rowspan="5"></td><td>12月</td></tr>
<tr><td>18日</td></tr>
<tr><td>←</td></tr>
<tr><td>担当</td></tr>
<tr><td>青木</td></tr>
<tr><td>評価点</td><td>1</td><td>2</td><td>3</td><td>4</td><td>5</td></tr>
<tr><td>コメント</td><td colspan="5">守らないと錆が発生することを注意喚起した。</td></tr>
</table>

5.4　見える化の実習と次回までの課題

見える化実習では現場で見える化したいモノをデジタルカメラで撮影する。撮影場所は自分の職場とし、時間が余れば共通場所も撮影する。他の職場は撮影しない。撮影者＝発表者とする。カメラ1台に3～4人がよい(人数が多いと遊ぶだけ)。実習は1時間とし、移動も含めて迅速にテキパキ行動し、現場から指示された時刻までに帰ってくる。

5.4.1　実習のポイント

(1)　撮影の視点

① 現物表示確認できないか。
② 色別管理できないか。
③ オープン化できないか。
④ 資料、書類の見える化できないか。
⑤ 目で見る掲示板になっているか。
⑥ 一発整頓できないか。
⑦ 工具レス化できないか。
⑧ コンビニ化できないか。

自分の職場を変えるのは他の誰でもない、「自分達が現場変える！」という気概を持って取り組もう！

(2)　ブレインストーミングを取り入れる

ブレインストーミングの精神(批判禁止、質より量、自由奔放、結合OK)でとにかく、たくさんあげてから削っていく(「ブレインストーミングの基本的なルール」については、3.2.3項参照)。

- 判断禁止：迷ったら撮る。
- 自由奔放：楽しく。批判しない。
- 質より量：最初は撮影枚数が大切である。数をこなして訓練する。

- 結合の改善：アイデアを発展させる。これがあるならあれも。

5.4.2　発表のポイント

撮影した写真をプロジェクターで映し、なぜ撮影したのか、どう改善するかを発表する。前向きに、積極的に行う。恥ずかしいという気持ちは捨てる。発表は10分／班とする(チーム数と残り時間で発表時間は調整する)。

5.4.3　自主活動計画立案

本章の内容に対する活動計画をメンバー自身で立てる。次回(1カ月間程度)までに自分達で「何をするか」のリストをつくり、「誰が」「いつまでに」実行するかを決める。次会合の最初に進捗を報告してもらうので、チームリーダーは進捗を把握しておくこと。

【自主活動計画における必須項目】

- 実習の写真をもとに定点撮影チャートを作成する。
- 見える化を実行する。

5.4.4　整頓3カ月目の進め方(6カ月目)

整頓の工夫には終わりがなく、ずっと継続していくものである。全部の箇所を3カ月で終えることはできない。中途半端にあれこれといろいろな場所に手を付けてももとに戻る可能性がある。そこでモデル場所を決めて改善をやりきってから、次の場所に取り組む。少なくとも1つの場所は3カ月で終わらせてほしい。1.5.2項「活動スケジュール」「(2)集合教育の年間活動スケジュール例」で示した整頓は下記のとおりである。

【整頓のスケジュール(4カ月目～6カ月目)の例】

4月目　整頓：線引き、看板、3定、ストライクゾーン(第4章参照)

5月目	見える化(整頓その2)：色別管理、一発整頓、コンビニ化(第5章参照)
6月目	整頓フォロー：整頓の基準づくり。報告会の構成(第6章参照)

6カ月目の集合教育は整頓の基準を作成する。基準の作成はリーダー、事務局中心でかまわない。作業員は現場で5S活動を実践しても、一緒に基準の作成に加わってもどちらでもよい。

- 線引き基準
- 手持ち基準
- 表示基準
- 掲示物基準

看板作戦における表示基準については特に会社に規定がなければ無理に設定しない。ただし、資料は作成日か保管期限を明記するほうがよい。

第6章

報告会の構成

6.1　報告会の位置づけと必要性

1.5.2 項「活動スケジュール」「(2) 集合教育の年間活動スケジュール例」をここに再掲する。ここまでで 6 月目までを終え中間点を迎える。そこで、7 月目に 5S 活動の中間報告会を開催してほしい。

【集合教育の年間活動スケジュール例】

準備月	活動企画立案：推進体制、キックオフの企画(第 1 章)
1 月目	キックオフ、5S 概論(第 2 章)
2 月目	整理：赤札作戦(第 3 章)
3 月目	整理フォロー、整理の基準づくり
4 月目	整頓：線引き、看板、3 定、ストライクゾーン(第 4 章)
5 月目	見える化(整頓その 2)：色別管理、一発整頓、コンビニ化(第 5 章)
6 月目	整頓フォロー：整頓の基準づくり。**報告会の構成(第 6 章)**
7 月目	中間報告会：集合教育はなし。午前：予行演習。午後：本番
8 月目	清掃：清掃しやすい環境づくり、汚れない工夫(第 7 章)
9 月目	清掃フォロー、清掃の基準づくり
10 月目	清潔：評価基準づくり、イベント企画、身だしなみ(第 8 章)
11 月目	躾：誰が、誰を躾け、何を守るか(第 9 章)
12 月目	清潔・躾フォロー、清潔・躾の基準づくり。報告会の構成。来期に向けて(第 10 章)
最終日	第 1 期報告会

私は報告会が必要な理由は3つあると考えている。1つ目は組織的な5Sのモチベーションの維持である。1年間の活動だと、どうしても中だるみする。また、社員の多くは本格的な5S活動が初めてだし、組織的な活動に慣れていない(だからこそ5S活動により現場力が向上する)。社員は仕事しながら5S活動に取り組んで苦労している。その結果これまで、あまり5S活動が進んでいないチームが出るかもしれない(経験的に4チーム中1チームは進みが悪い)。しかし、中間報告会があり幹部や関係者の前で進捗を発表しなければならないとなると、どのチームも追い上げをかける。これを締め切り効果という。進みが遅いチームでもいくつかの定点撮影チャートを進める。また、問題があるチームが明らかになり、幹部や管理職に対策を求めることができる。

2つ目が報告会は現場の想いを幹部に伝える場である。報告会は班や係単位で発表するので、班や係の総意になっている(個人の意見ではない)。社員は費用をかけてでもやってほしいことがある。日頃、社員から管理職にあげているのだが、現場がなかなか改善されずに不満に思っている。そういったことを改めて報告してもらうことによって、幹部は工場の問題として認識してもらいたい。大勢の聴講者がいる中で発表者があえて言う勇気を考慮してほしい。発表者はすぐにできないだろう、いつも言っているがやってくれないなどとあきらめずに、しつこく言い続けてほしい。あきらめたら、そこで終了だ。

3つ目が報告会は社員の伝達能力を養う場である。発表者は報告会のために論理的な発表の構成、伝えたい資料の選定、わかりやすく、伝わりやすい内容などを考えなければならない。聴講者に向けて、どう伝えるか考えるよい機会となる。

また、伝達能力は現場力(自律的問題解決能力)の一要素である。工場の問題を解決するために、何が問題で、こういう手段なら解決できると関係者に同意を得なければならない。人に情報を正しく伝えることは難しい。練習しなければ上達しない。工場の幹部の前で発表するのは貴重な機会だ。場数を踏ませるためにも発表の場面をできるだけたくさん用意してあげたい。現場力向上の訓練と考えて取り組んでほしい。

6.2 開催要領

6.2.1 概要

報告会の目的はこれまでの5S活動をまとめ、今後の活動の方向付けを行うことである。メンバーは実現できたこと、課題として残ったことを含め、幹部に報告する義務がある。5S活動を定着させるために、これからの5S活動をどう展開するか提案してほしい。

出席者は推進委員会メンバー、5Sメンバー、事務局など、関係者全員とする。本社、グループ会社、協力企業の5S担当者に来てもらうのもよい刺激になる。特に工場内に常駐している協力企業は報告会にぜひ呼んでほしい。協力企業が5Sルールを守らないことに対して作業員が不満に思っていることを知ってもらい、協力企業の5S活動の動機づけにしてほしい。

報告会の開催は午後とし、午前に発表者で予行演習(リハーサル)をしておくと本番にゆとりを持って臨める。

6.2.2 報告会式次第

【報告会式次第例】

Ⅰ. 開会の挨拶(1分)事務局

Ⅱ. これまでの活動の総括

1. 活動状況(5分)リーダーかサブリーダー

 ① 活動企画:背景、位置づけ、ねらい、推進体制など。

 ② 活動内容:スケジュール、進め方、5Sで学んだことなど。

2. 活動成果(15分×チーム数)メンバーで分担して発表する。

 ① 活動の進め方

チーム名、めざす姿、活動時間、進め方、参加率、進捗状況を説明する。

② 活動の紹介

全員で取り組んだ案件、知恵を出した案件、だんだんとよくなった案件、改善効果が実感できた案件など、3～5テーマ紹介する（時間のあるかぎりたくさん紹介する）。管理職の想いやコメントに対して、取り入れたことがあれば紹介する。

③ チームの今後の課題、反省点

進みが悪い案件、自分達の取り組みにおける反省点、管理職に対する要望事項など。

④ 所感

活動前と比べて、改善の知識、考え方、活動に対する想い、メンバーの成長、よかったこと、大変だったこと、率直な感想。

Ⅲ．今後の活動に向けて（10分）　リーダー

1. 今後の活動の概要
2. チームリーダーの決意表明

5S活動における、よかった点、反省点などを踏まえて、今後の活動に向けての課題、強化すべき点など明確にし、5Sを継続するために決意表明する。「必ず継続するぞ！」とリーダーにいってほしい。

3. 質疑応答

Ⅳ．講評

1. 来賓
2. 各推進委員（3分×委員）
3. 推進委員長（3分）

Ⅶ．閉会の辞（1分）　　事務局

4チームで約90分　幹部や管理職の都合に合わせて時間を調整する。

中間報告会の進め方は以上である。さらに6カ月後の第1期報告会の進

め方も同様である。躾が終わったら、この章に戻ってきて第 1 期報告会の準備をしてほしい。

6.3　資料作成と発表のコツ

6.3.1　資料作成のポイント

発表資料はパワーポイントを使う前提で説明する(エクセルでもかまわないが、発表に適したアプリはパワーポイントである)。文字の大きさは18 ポイント以上にする。目が悪い人、後ろの人に配慮する。

複数の職場が参加する場合、パワーポイントのテンプレート(書式やデザイン)は会社の共通のテンプレートに統一する。公式テンプレートは聴講者が見慣れたデザインで違和感なく、安心である。

定点撮影チャートは 4 段階をパワーポイント 1 枚に納めると、写真が小さく感じる。よって写真 1 枚(段階ごと)でパワーポイント 1 枚にすると改善内容がよく伝わる。また写真はパソコンで認識できたとしてもプロジェクターに投影すると暗くてわからないことがある。事前に発表で使う定点撮影チャートはプロジェクターで投影して確認しておく。写真が暗かった場合はできるだけ明るい写真に変えるか暗い写真は明るく加工する。

聴講者が気にする点は、これまでの 5S 活動との違いはどうか、現場全員参加で取り組めたか、活動を通じてメンバーの成長はあったかなどである。これらを資料のどこかで盛り込めばよい報告になるはずである。また、淡々と結果だけ報告するようではいけない。メンバーはこれまで苦労したことや頑張ったことをきちんとアピールしてほしい。

発表資料はできるだけ既存の資料を活用し、余計な絵やアニメーションを加えない、発表用原稿を作らないなど、資料作成にあまり時間をかけないようにする。発表資料に時間をかけるくらいなら、その時間を現場の改善にあててほしい。

6.3.2　発表のコツ

発表者は冒頭に礼儀としてまず自分の所属と名前をいうことを忘れずにしよう。聴講者全員が発表者のことを知っているわけではない。社内だからといきなり発表を始めてしまう人が意外と多い。

発表のコツは3つある。

1つ目は前を向いて話す。聴講者に背中を向けずに、前を向いて話すと声が通る。余裕があれば聴講者の顔色を見ながら話すと興味深いはずだ。うなずいてくれる人、笑ってくれる人は嬉しいし、寝ている人はイラっとするし、はてなマークの人にはもう少し説明を加えようと思う。聴講者を見て、自分の聴講態度を振り返るきっかけにもなる。

2つ目は大きな声で発表する。小さい声は自信がないように感じる。普段大きい声だと思う人をイメージするとよい。もしくは普段の声の2倍の声量を意識して発表する。自信を持って堂々と発表してほしい。

3つ目は発表資料の説明箇所をポインタでさしながら話す。聴講者は前の話で引っかかったり、別のことを考えたりして話についていけないことがある。また発表者の話が飛んで何を話しているのかわからなくなることもある。さしながら話してくれると、容易に復帰しやすいし、説明が頭に入りやすい。ただし、ポインタはぐるぐるまわさないこと。目が回る。

まとめると、聴講者にストレスを感じさせない発表資料とすること。発表者は「前を向いて、大きな声で、指しながら」の3つを覚えておくこと。幹部や関係者によい評価される報告会になることを願う。

〈自主活動計画立案〉

本章の内容に対する活動計画をメンバー自身で立てる。次回(1カ月間程度)までに自分達で「何をするかのリストをつくり、誰が、いつまでに」を決める。

【必須項目】

- 報告会の資料作成

第7章

清掃

7.1　清掃とは

清掃とは常にキレイにすることである。「清」の文字は水で青々とさせる、拭く(ふく)の意味である。「掃」の文字は手で箒(ほうき)を持つ、掃く(はく)　の意味である。つまり、清掃は掃いて、拭くこと(掃き清める)。

ちなみに掃除とは掃いて取り除くこと。箒とチリトリ、もしくは掃除機のイメージだ。清掃は掃除機かけた後、雑巾がけして、よりキレイにすることである。キレイとは基準面についた汚れを分離してピカピカにすることである(図表7.1)。

7.1.1　清掃の目的

清掃の目的は異常に早く気づくこと。みなさまも日常生活でそのような経験したことがあると思う。例えば、洗車時に車体を雑巾がけしていると、

図表7.1　キレイとは

塗装がはがれていることに気づく。ピンホールレベルの塗装はがれというのは普段なかなか気づかない。拭いていると車体をよく見るものだから、そこで初めて気づくのである。塗装はがれを放置しておくと、ピンホールが大きくなったり、下地が錆たりして見苦しくなる。再塗装するには専門業者に頼まねばならずお金がかかるが、ピンホールレベルなら自分でタッチペンを使い簡単に修復できる。

また、私は革靴を修理店に持ち込んだ際、店員に「かかとまでなら安いが、靴底まですり減ると、余計にお金がかかる。もっと早く持ってきてください」といわれたことがある。異常を放置すると余計なコストが発生することを実体験した。反省を活かし、その後は定期的に靴磨きするようになった。清掃の拭く動作は異常を早く見つけるのに役立つのだ。

さて、これが設備ならどうだろうか。壊れる前に直すのと壊れてから直すのでは、費用と機会損失(設備停止による生産減)が大きく違う。高価な設備ならなおさらだ。設備はしっかり清掃してほしい。

また、汚れたまま放置してある状態だと、いつ漏れたのかわかりにくいので気づくのが遅れる。しかし、常にキレイであると製品や油、水が漏れたとしても早く気づく。過去にモレが発生した場所ほど、常にキレイにしておく。

7.1.2　清掃を大切にした人

経営者や著名人で清掃を大切にした人は多い。彼らは掃除といっているが、やっていることは実質的には5Sの「清掃」である。

(1)　パナソニック／松下幸之助(まつした こうのすけ)

掃除と仕事は同じである。掃除が人の修養に役立つという信念を持ち、社員教育にて掃除を励行させていた。

(2)　イエローハット／鍵山秀三郎(かぎやま ひでさぶろう)

掃除は心を磨く。主な著書に『凡事徹底』『掃除道』『ひとつ拾えば、ひとつだけきれいになる』がある。「掃除を通じて、世の中から心の荒みをなくしていきたい」として、日本を美しくする会を創唱する。

(3)　カレーハウス CoCo 壱番屋／宗次徳二(むねつぐ とくじ)

店は掃除で蘇る。孤児院で育ち、養父はギャンブル好き、極貧から220億円の資産家になる。

(4)　お笑いタレント、映画監督／北野武(きたの　たけし：ビートたけし)

「オレが成功しているのは、トイレ掃除のお陰。自分の家だけでなく、ロケ先や公園、ときには隣の家のトイレ掃除もした」と度々話している。

7.2　清掃により「カキクケコ」を取り除く

7.2.1　(カ)環境悪化 [7]

職場の環境が悪いと心がすさんでくる。並んだジュースの空き缶や山盛りのゴミ箱はなくす。窓や蛍光灯を拭いて明るくする。ドアや窓の隙間をふさいで事務所の寒さ、騒音を防ぐ。清掃により社員が気持ちよく働ける職場環境をつくっていく(休憩室、喫煙所なども対象にする)。

さらにお客様や工場見学する方々が安心、信頼できる工場環境をつくる。特に玄関、通路、トイレ(頭文字をとってゲットという)を重点的に清掃する。ゲットがキレイになっていると、お客様の感動もゲットできる。

7.2.2　(キ)危険

床に水、油などで滑りやすくなっていると人が転び、ケガをしてしまう。滑りやすい床は小まめに清掃する。

工場の設備は何が原因で着火するかわからない。火花、静電気、摩擦熱など過去に起きた火災は想定外だったのではないだろうか。火災予防として設備周辺に可燃物が集積しないように清掃する。

コンセント周囲に埃があると発火することもある(図表7.2)。たこ足配線は特に注意する。

柱、架台などの接地面は劣化しやすい。放置すると崩落の危険が生じ、修理に多額の費用が掛かるので、錆や腐食を見つけたら早めに塗装する(図表7.3)。柱、架台の塗装色は工場で基準があるはずだ(なければ作成する)。清掃活動を機に塗装基準を確認して、ヌケがあれば追加する。

図表7.2　トラッキング現象

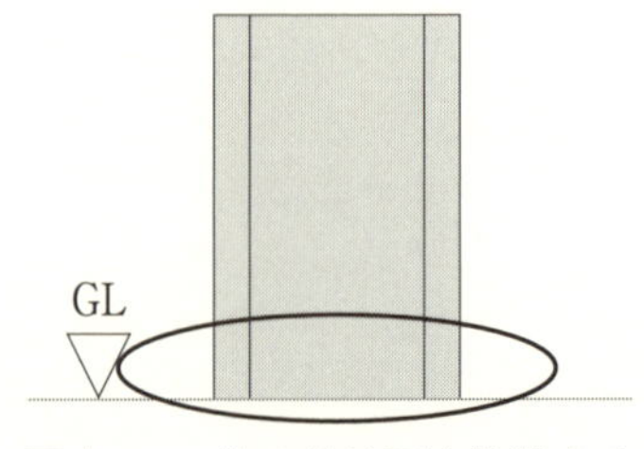

図表7.3　柱の接地面を塗装する

7.2.3 (ク)クレーム(品質不良)

製品に異物が入っているとクレームになる。異物混入(コンタミ)防止は品質向上につながる。原料から製品に至る流れを追いかけて、汚れやすい箇所、異物が入りやすい箇所は点検表に清掃を組み込んでおく。原料、中間品、製品と接する箇所の清掃は優先順位が高い。

お客様は最終工程エリア(検査、包装、出荷)を重点的に監査する傾向にある。最終工程エリアがゴミや汚れ、埃が多いとなると、お客様の信用が低下する。お客様が来る前だけ清掃するのではなく、日頃から清掃を心がける。

7.2.4 (ケ)健康障害(病気)

社員が埃や粉塵を吸い込み、健康を害さないよう、換気扇、扇風機、エアコン、集塵機、ミストコレクターなどを清掃する。

7.2.5 (コ)故障(設備トラブル)

清掃の不徹底により設備が故障することがある。清掃により、チョコ停を防ぎ、設備稼働率を向上させる。特に詰まりの例を紹介する。

【詰りによるチョコ停の例】

- 流量計:詰まると、測定できず、流量異常により設備トラブルが起きる。
- ストレーナー:ポンプの過負荷による停止が起きる。
- 制御盤のファンのフィルター:制御機器が過熱による熱暴走で止まる。
- エアコンのフィルター:目詰まりによりエネルギー効率が下がる。
- 加工設備の作動部:加工精度不良が増える。

以上は一般的な機器だが、工場の設備はいろいろあるはずだ。詰まりやすい箇所が他にあるか考えてみてほしい。そして、清掃の不徹底によりチョコ停が起きた箇所は点検表に清掃を組み込んでおく(予防保全)。

清掃の「カキクケコ」は以上である。清掃には異常に早く気づくという目的がある。その手段として「カキクケコ」がある。キレイにすればよいと床や手すりを清掃から入るよりも、清掃の目的からすると「カキクケコ」を優先するのが基本である。

7.3　清掃の取り組み方

7.3.1　清掃担当マップを作成する

清掃担当マップは、すべての場所にモレなく担当を決める。工場>課>係>個人まで落とし込む。清掃日時も明記し、職場の目立つ所に掲示しておく(図表7.4)。

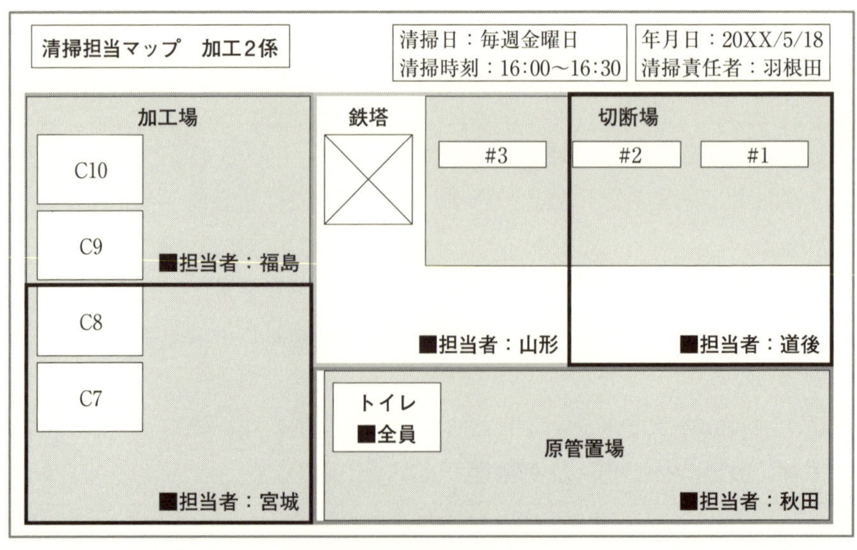

図表 7.4　清掃担当マップ

7.3.2　清掃頻度を決める

先ほどの清掃担当マップは床清掃とその頻度であることが多い。担当内にある設備、エアコン、換気扇、窓など清掃頻度が決まっているだろうか。共同使用場所（事務所、トイレ、休憩室など）の清掃は誰がいつやるか決まっているだろうか。今一度、清掃対象を抽出して、頻度を決めてほしい（図表7.5）。

トイレ清掃当番表

曜日	担当者	ゴミ	便器	洗場	ペーパー	石鹸
月	荒川	✔	✔	✔	✔	✔
火	渋谷	✔	✔	✔	✔	✔
水	杉並					
木	墨田					
金	足立					

図表7.5　清掃スケジュール

7.3.3　清掃の省力化を考える

清掃はコストがかかっていると認識する。自職場の清掃費用は年間どれくらいか計算してみると興味深い。

計算例）

30分間×1回／週×48週／年×5人×3000円／時＝36万円／年

自職場の清掃をもっと省力化できないか4つの視点を参考に考えてほしい。

(1)　清掃のタイミングは早いほどよい

汚れは時間がたつと、強力に固着する。時間がたってから取り除こうとすると、道具や薬剤が必要になり、余計な手間がかかる。また、大きな汚れをそのまま放っておいては危険である。水や油だと、滑って転びやすくなる。また汚れが拡散して清掃が大変になる。汚れたらすぐ清掃することが大事である。

特に、油や塗料など使用している職場は作業後にすぐ清掃すれば簡単に取れる。放っておくから、油や塗料がこびりつき清掃に長時間かかる。すぐ清掃すれば常にキレイで清掃が楽になる。

即清掃を基本とするが、やはり全部はやりきれず、汚れが残るので定期的な清掃は必要である。日常的には即清掃し、定期清掃を組合せて、効率的な清掃を心がける。管理職や班長は日常清掃での即清掃の心構えを社員にぜひ教育してほしい。

(2)　清掃の便利アイテムを使う

図表7.6に示すように汚れを落とすには時間、力、化学、温度の4つの要素がある。時間がかかるのは力でゴシゴシするだけだからであって、化学と温度の要素を取り入れると汚れは落ちやすく短時間の労力ですむ。

この4つの要素を知識として抑えたうえで、清掃の便利アイテムが市販されているのでうまく取り入れる。例えば、以下のようなものである。

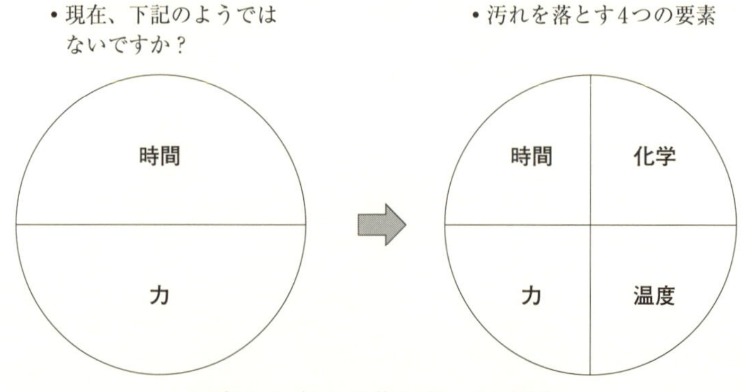

図表7.6　汚れを落とす4つの要素

- 油汚れ：重曹とぬるま湯
- ガムテープやセロテープの跡：接着剤落とし
- ちょっとした汚れ：メラミンスポンジ（研磨の効果で汚れを落とすので光沢面に使用しないこと）
- 水を使う職場：水きりワイパー

近年、掃除ロボットが実用化された。私も自宅で使っているが掃除がかなり楽になった。家庭用だが工場でも会議室や廊下などの室内ならで掃除ロボットで問題ないと思う。水拭きロボット、窓用ロボットもある。コードレス掃除機の性能はだいぶ向上した。他にもいろいろな便利アイテムはあるし、新しい製品は出てくる。情報の感度を高くして、ぜひ探してほしい。

(3) 清掃用具を準備する

清掃用具が適切に準備されていないと、取りに行ったり、探したりしてムダな時間がかかる。清掃用具のポイントは「いるものを、いるだけ、いるときに」である。

「いるもの」とは、その職場で必要な清掃用具があることである。清掃用具の基本はホウキとチリトリで、さらにモップ、掃除機、便利アイテムなどがあればなおよいだろう。必要な清掃用具が用意されていても、ホウキの先が減って使い物にならない、モップの汚れがひどい、掃除機が故障しているでは意味がない。清掃用具はすぐに使える状態にしておく。

「いるだけ」とは、清掃用具が人数分準備されていることである。清掃用具が清掃する人数分だけないと手待ちになる。必要以上あってもスペースのムダになるから、人数分をきっちり準備する。

「いるときに」とは、使いたいときにすぐ使えることである。清掃用具はまとめ置きせずに、必要場所の近くに分散して置き、取りに行くムダを減らす。清掃用具が近くにないとゴミや汚れが放置されることもある。清掃用具置場は人の位置と清掃の動線を考えて置場を決める。そして、誰にでもすぐわかり(表示)、取り出しやすい(向き)、戻しやすい置き方にする(整頓)。

(4)　源流対策により汚れない工夫をする

清掃の省力化を考えてきたが、最もよいのは、そもそも汚れないことである。汚れるから清掃する労力が発生するのであって、汚れないのなら清掃の手間が省ける。何事も問題が起きてから解決するよりは、問題が起きないようにするほうがよい。

汚れない工夫は難しいが、何もしなければ永久に予防はできない。少しずつでも予防に知恵をだす。機械や床が汚れたら「汚れは何だろう？ どこから来たのだろう？」と考える。そして、床や機械を汚す元を見つけ対策を打つ。つまり「汚れは元から断つ！」。これを源流対策と呼ぶ。

源流対策の例として、工場の土部に雑草が生えていて定期的に除草しているとしよう。源流対策では鎌を使うや除草剤を散布するなど楽な方法を考えるのではなく、雑草が生えないようにするために防草シートを敷く、アスファルト舗装するなどと考えてほしいのである。ただし、源流対策に過剰な費用はかけずに、投資対効果を見極めること。

源流対策はスタッフや係長の手を借りる必要があるかもしれない。難しいし、時間がかかるし、対策箇所は多い。そこで、源流対策リストを用意して、定期的にチェックできるようにしておくと管理しやすい。

7.3.4　清掃のステップアップ

清掃と点検を別々にやらずに清掃と点検を兼ねれば効率的である(図表7.7)。清掃しながら異常を発見し、故障を未然に防ぐ(清掃は点検なり)。点検が目的で、清掃は手段と考える。清掃すれば、油漏れ、水漏れ、エアー漏れなど見つけやすい。圧力計や温度計などの埃が取り除かれ、よく見えるようになる。ボルトのゆるみや設備のガタなど気づきやすい。

そのために、計器の正常範囲の表示やボルトの合いマークなど点検ポイ

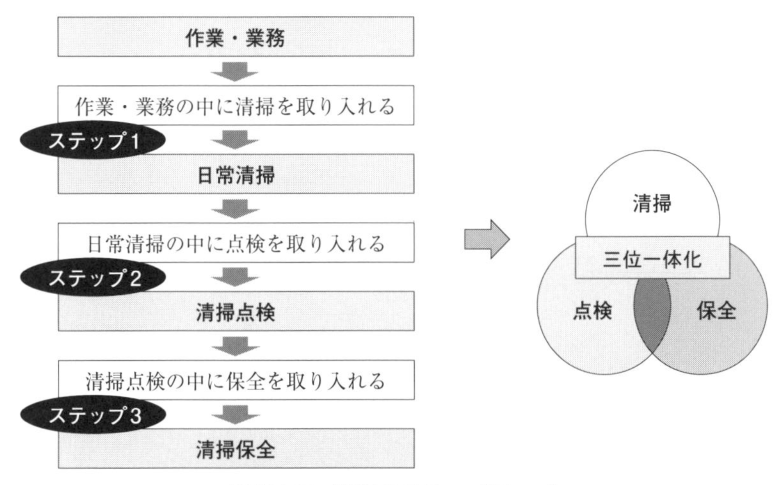

図表 7.7　清掃のステップアップ

ントが一目でわかるように「点検基準の見える化」をしておく必要がある。そして、すべての点検表に重要な清掃項目を組み込む。例えば、過去に油圧ホースから油漏れがおきていたら、点検表に「油圧ホースを拭く(週１回)」と入れる。

私は清掃に関して思考停止している工場は多いと感じる。必要以上に清掃していたり、必要な箇所の清掃が足りていなかったりしている。清掃対象は「カキクケコ」が優先である。「カキクケコ」以外は清掃頻度を下げてもかまわない。そして、省力化により清掃時間に余力が出れば、「カキクケコ」に割ける時間が増える。清掃点検の時間が増えれば、工場の設備トラブルは減る。現状の清掃のやり方を再考してはどうだろうか。

7.4　清掃の定点撮影チャートの紹介

7.4.1　作業環境

「作業環境」の解説については7.2.1項「(カ)環境悪化」を参照されたい。

ねらい	作業環境を整える		場所	入側安全通路横	2018年
第1段階					1月 12日 ↓ 担当 丸田班
評価点	1	2	3	4	5
コメント	崩れた床の瓦礫がそのままになっている。				

特色	清掃と整地				2018年
第2段階					8月 21日 ◆ 担当 丸田班
評価点	1	2	3	4	5
コメント	瓦礫処分実施。モルタルで床を整えた。				

社名：非公表

7.4.2　品質にかかわる清掃

「品質にかかわる清掃」の解説については7.2.3項「(ク)クレーム(品質不良)」を参照されたい。

ねらい	清掃		場所	入洗	2018年
第1段階					8月 29日 ⬇ 担当 A班
評価点	1	2	3	4	5
コメント	蓋が錆だらけ。錆が落下して製品に付着する恐れあり。				

特色					2018年
第2段階					9月 25日 ◆ 担当 A班
評価点	1	2	3	4	5
コメント	錆を削り取った。とても大変だった。				

社名：非公表

7.4.3　塗装

「塗装」の解説については7.2.2項「(キ)危険」を参照されたい。

ねらい	ライン美化	場所	建屋入口　柱		2018年
第1段階	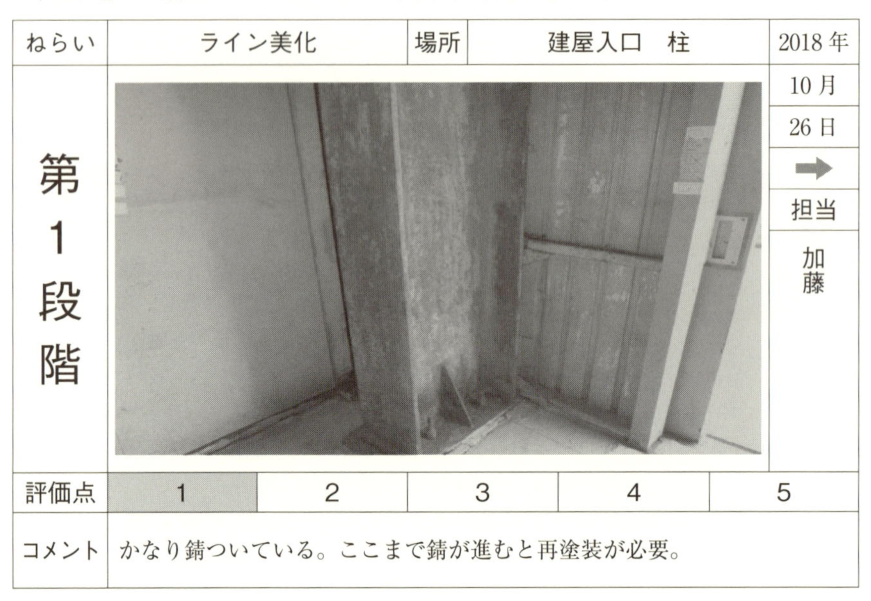				10月 26日 ➡ 担当 加藤
評価点	1	2	3	4	5
コメント	かなり錆ついている。ここまで錆が進むと再塗装が必要。				

特色					年
第4段階					月 日 担当
評価点	1	2	3	4	5
コメント					

社名：非公表

特色	清掃・錆落とし実施	2018 年
第2段階		10 月 26 日 ⬇ 担当 加藤

評価点	1	2	3	4	5
コメント	塗装前に削って落ちる錆はすべて落とした。 これで塗装のノリがよくなる。				

特色	柱塗装	2018 年
第3段階		10 月 26 日 ◆ 担当 加藤

評価点	1	2	3	4	5
コメント	柱、基礎部分を塗装した。				

7.4.4　予防保全

「予防保全」の解説については 7.2.5 項「(コ) 故障(設備トラブル)」を参照されたい。

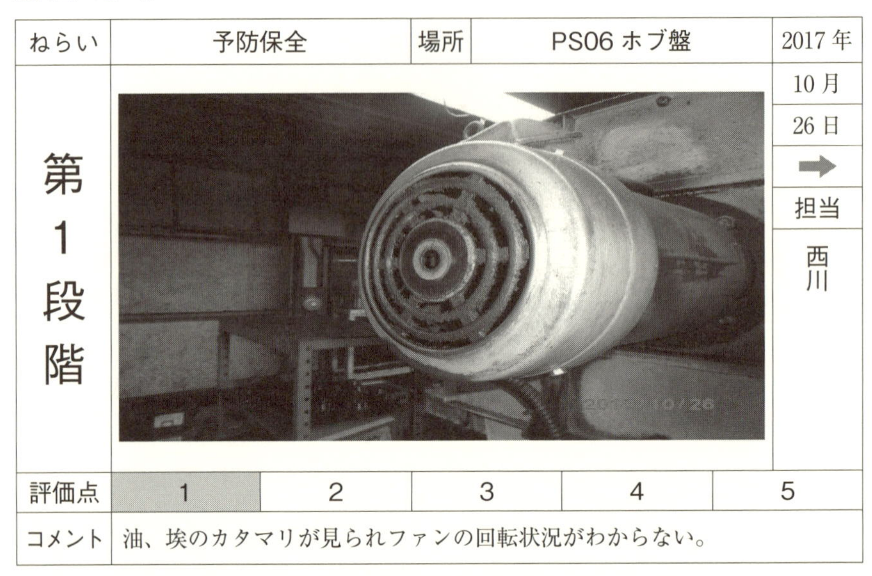

ねらい	予防保全		場所	PS06 ホブ盤	2017 年
第1段階	（写真）				10 月 26 日 → 担当 西川
評価点	1	2	3	4	5
コメント	油、埃のカタマリが見られファンの回転状況がわからない。				

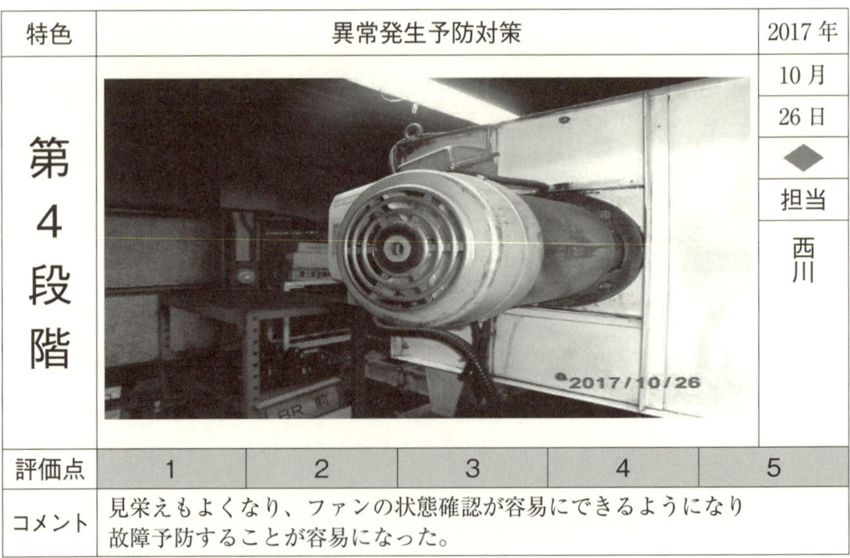

特色	異常発生予防対策				2017 年
第4段階	（写真）				10 月 26 日 ◆ 担当 西川
評価点	1	2	3	4	5
コメント	見栄えもよくなり、ファンの状態確認が容易にできるようになり故障予防することが容易になった。				

富士変速機㈱　美濃工場

特色	カバー取り外し				2017年
第2段階					10月 26日 ⬇ 担当 西川
評価点	1	2	3	4	5
コメント	カバー内も凄まじく埃まみれで汚い。				

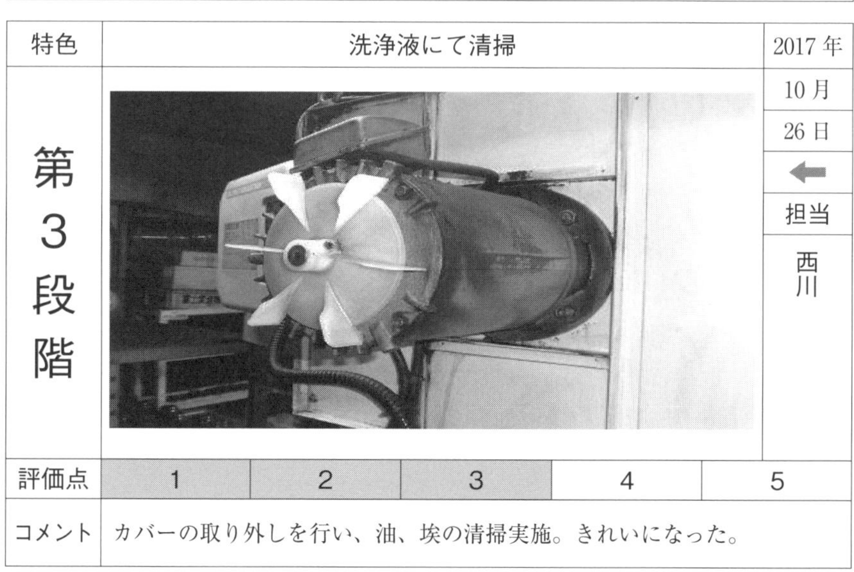

特色	洗浄液にて清掃				2017年
第3段階					10月 26日 ⬅ 担当 西川
評価点	1	2	3	4	5
コメント	カバーの取り外しを行い、油、埃の清掃実施。きれいになった。				

7.4.5　省力化

「省力化」の解説については7.3.3項「清掃の省力化を考える」を参照されたい。

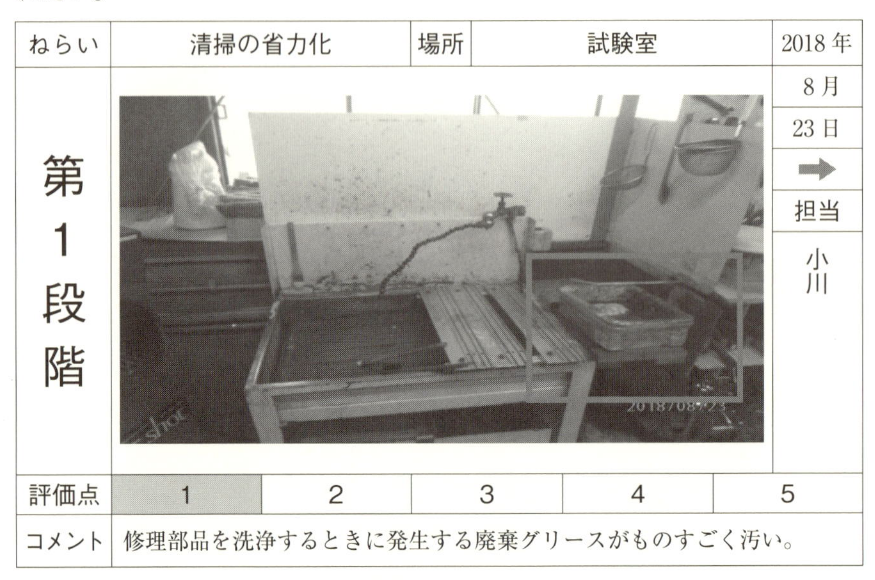

ねらい	清掃の省力化		場所	試験室	2018年
第1段階					8月 23日 → 担当 小川
評価点	1	2	3	4	5
コメント	修理部品を洗浄するときに発生する廃棄グリースがものすごく汚い。				

特色	廃棄回数を減らす				2018年
第4段階					10月 5日 ◆ 担当 小川
評価点	1	2	3	4	5
コメント	下にはペール缶を置いて廃棄グリースが落下するようにした。 廃棄する回数が激減した。				

富士変速機㈱　美濃工場

<table>
<tr><td>特色</td><td colspan="5">廃棄グリースが汚い・臭い</td><td>2018 年</td></tr>
<tr><td rowspan="5">第2段階</td><td colspan="5" rowspan="5">
</td><td>8 月</td></tr>
<tr><td>23 日</td></tr>
<tr><td>⬇</td></tr>
<tr><td>担当</td></tr>
<tr><td>小川</td></tr>
<tr><td>評価点</td><td>1</td><td>2</td><td>3</td><td>4</td><td colspan="2">5</td></tr>
<tr><td>コメント</td><td colspan="6">定期的に捨ててはいるが、慢性的に汚い。異臭も発生している。</td></tr>
</table>

<table>
<tr><td>特色</td><td colspan="5">異臭対策として蓋付きへ変更した</td><td>2018 年</td></tr>
<tr><td rowspan="5">第3段階</td><td colspan="5" rowspan="5">
</td><td>10 月</td></tr>
<tr><td>5 日</td></tr>
<tr><td>⬅</td></tr>
<tr><td>担当</td></tr>
<tr><td>小川</td></tr>
<tr><td>評価点</td><td>1</td><td>2</td><td>3</td><td>4</td><td colspan="2">5</td></tr>
<tr><td>コメント</td><td colspan="6">プラコンへ溜めるのをやめて、代わりに漏斗を設置して臭いを漏れにくくした。</td></tr>
</table>

7.4.6　清掃用具

「清掃用具」の解説については7.3.3項「清掃の省力化を考える」「(3)清掃用具を準備する」を参照されたい。

ねらい	清掃用具の整備		場所	汎用旋盤	2018年
第1段階	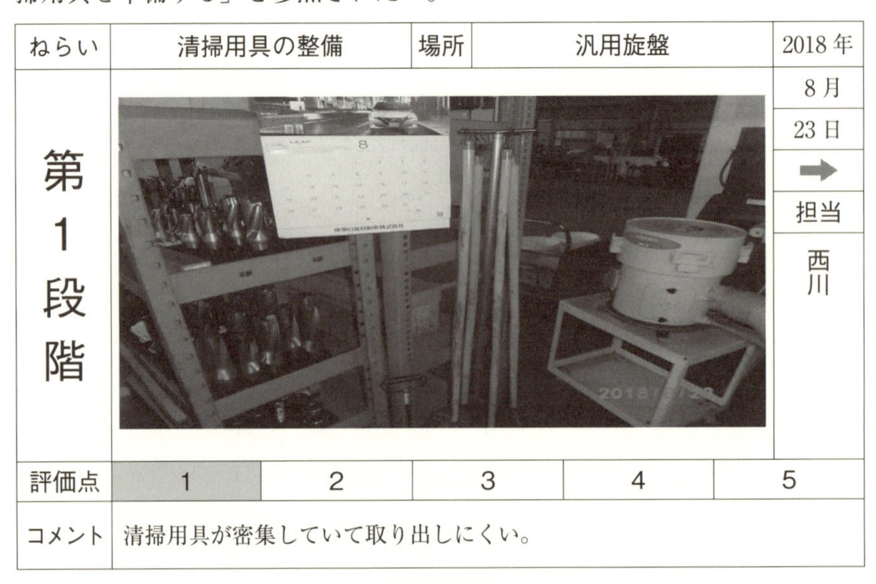				8月 23日 ➡ 担当 西川
評価点	1	2	3	4	5
コメント	清掃用具が密集していて取り出しにくい。				

特色	清掃用具の取っ手部分を紐から金具に変えた				2018年
第4段階	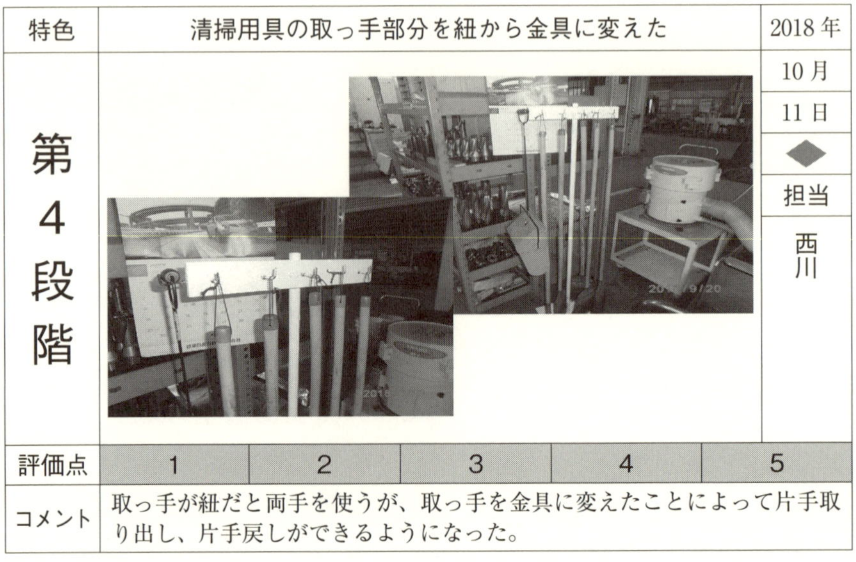				10月 11日 ◆ 担当 西川
評価点	1	2	3	4	5
コメント	取っ手が紐だと両手を使うが、取っ手を金具に変えたことによって片手取り出し、片手戻しができるようになった。				

富士変速機㈱　美濃工場

<table>
<tr><td>特色</td><td colspan="5">清掃用具ホールド部を拡張した</td><td>2018 年</td></tr>
<tr><td rowspan="5">第2段階</td><td colspan="5" rowspan="5">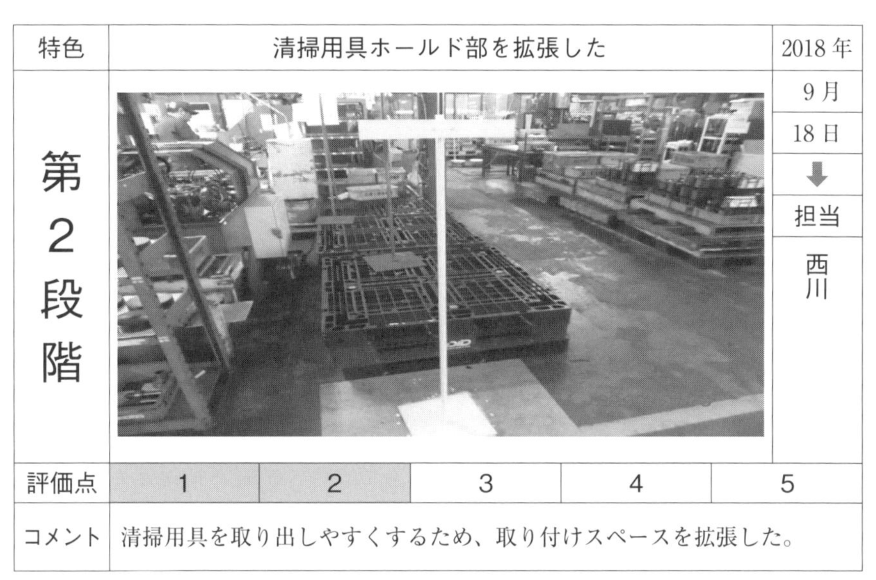</td><td>9 月</td></tr>
<tr><td>18 日</td></tr>
<tr><td>⬇</td></tr>
<tr><td>担当</td></tr>
<tr><td>西川</td></tr>
<tr><td>評価点</td><td>1</td><td>2</td><td>3</td><td>4</td><td colspan="2">5</td></tr>
<tr><td>コメント</td><td colspan="6">清掃用具を取り出しやすくするため、取り付けスペースを拡張した。</td></tr>
</table>

<table>
<tr><td>特色</td><td colspan="5">清掃用具ホールド部にフックを取り付けた</td><td>2018 年</td></tr>
<tr><td rowspan="5">第3段階</td><td colspan="5" rowspan="5">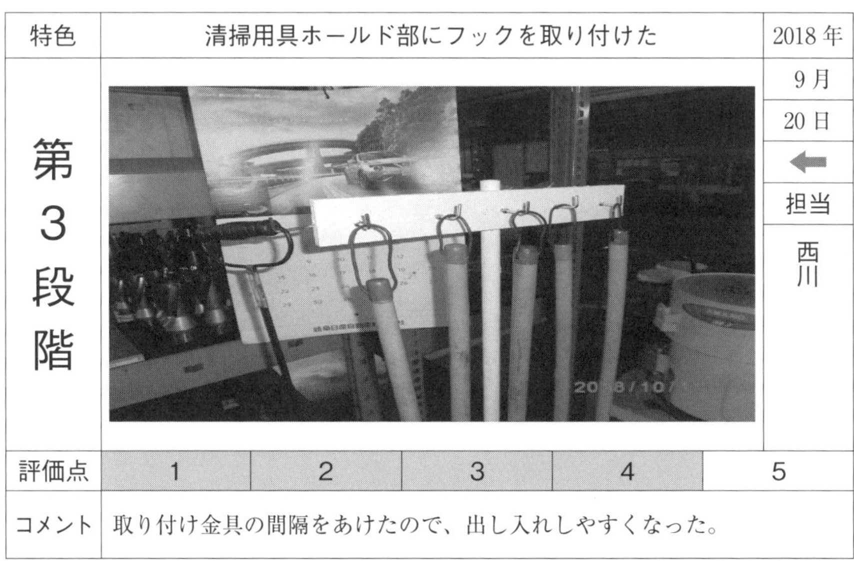</td><td>9 月</td></tr>
<tr><td>20 日</td></tr>
<tr><td>⬅</td></tr>
<tr><td>担当</td></tr>
<tr><td>西川</td></tr>
<tr><td>評価点</td><td>1</td><td>2</td><td>3</td><td>4</td><td colspan="2">5</td></tr>
<tr><td>コメント</td><td colspan="6">取り付け金具の間隔をあけたので、出し入れしやすくなった。</td></tr>
</table>

7.4.7　源流対策

「源流対策」の解説については7.3.3項「清掃の省力化を考える」「(4)源流対策により汚れない工夫をする」を参照されたい。

ねらい	MC裏可動部汚れの源流対策	場所	PAエリア中央		2016年
第1段階	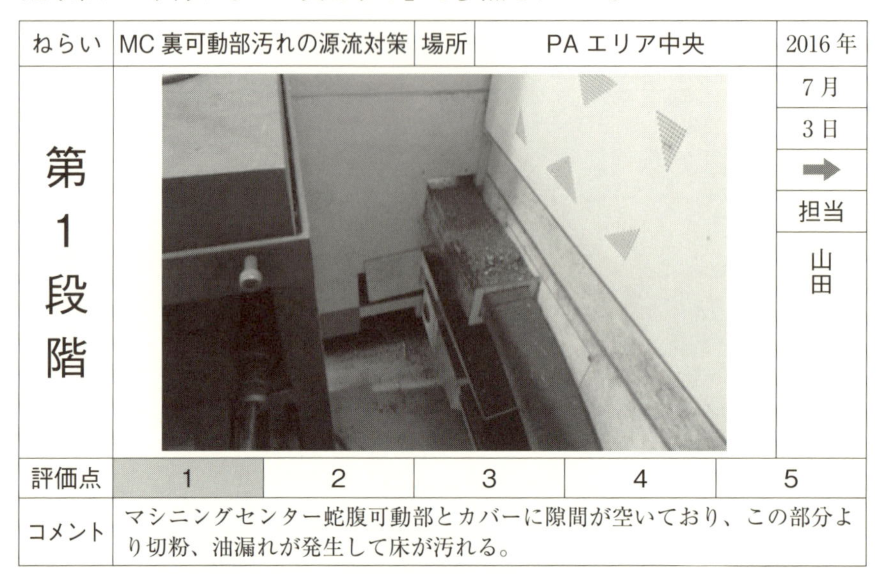				7月 3日 ➡ 担当 山田
評価点	1	2	3	4	5
コメント	マシニングセンター蛇腹可動部とカバーに隙間が空いており、この部分より切粉、油漏れが発生して床が汚れる。				

特色	効果を確認した				2016年
第4段階	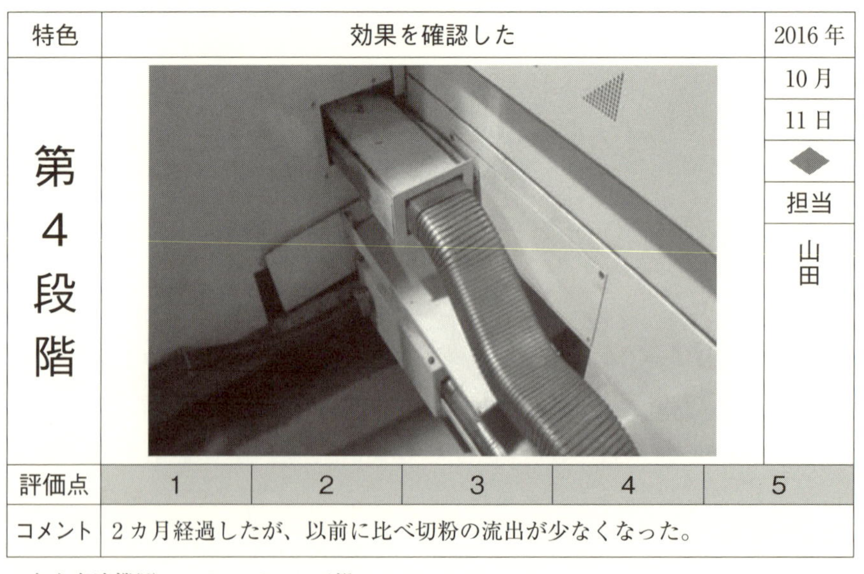				10月 11日 ◆ 担当 山田
評価点	1	2	3	4	5
コメント	2カ月経過したが、以前に比べ切粉の流出が少なくなった。				

富士変速機㈱　テクノパーク工場

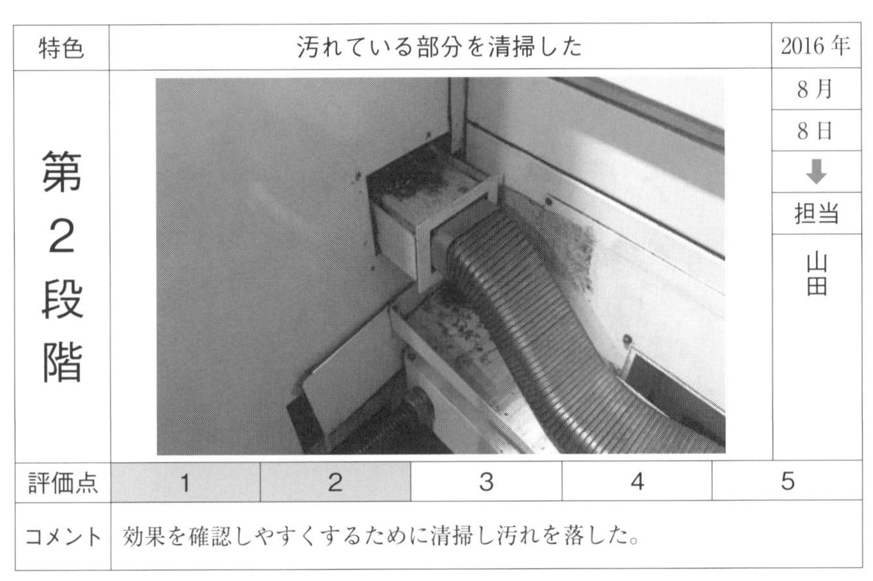

特色	汚れている部分を清掃した				2016年
第2段階					8月 8日 ↓ 担当 山田
評価点	1	2	3	4	5
コメント	効果を確認しやすくするために清掃し汚れを落した。				

特色	油漏れ、切粉の対策を検討する				2016年
第3段階					8月 9日 ← 担当 山田
評価点	1	2	3	4	5
コメント	カバー奥にクッションゴムを設置した。効果の確認を行う。				

7.5　清掃の実習と次回までの課題

清掃実習では現場で清掃したいモノと場所をデジタルカメラで撮影する。撮影場所は自分の職場とし、時間があまれば共通場所も撮影する。他の職場は撮影しない。撮影者＝発表者とする。カメラ1台に3～4人がよい（人数が多いと遊ぶだけ）。実習は1時間とし、移動も含めて迅速にテキパキ行動し、現場から指示された時刻までに帰ってくる。

7.5.1　実習のポイント

(1)　撮影の視点

- 汚れがひどい箇所はないか。
- 清掃用具の置場の場所と数は適切か。
- 清掃用具は「いるものを、いるだけ、いるときに」になっているか。
- 清掃用具の表示はあるか。
- 清掃の便利アイテムが使えないか。
- 汚れ、ゴミの発生源はどこか。源流対策できないか。拡散させない工夫はないか。

(2)　ブレインストーミングを取り入れる

- 判断禁止：迷ったら撮る。
- 自由奔放：楽しく。批判しない。
- 質より量：最初は撮影枚数が大切である。数をこなして訓練する。
- 結合の改善：アイデアを発展させる。これがあるならあれも。

7.5.2　発表のポイント

撮影した写真をプロジェクターに映し、なぜ撮影したのか、どう改善するかを発表する。前向きに、積極的に行う。恥ずかしいは除外する。発表は10分／班とする（チーム数と残り時間で発表時間は調整する）。「汚いな、今まで何をやっていたんだ！」。この類の発言は厳禁とする。

7.5.3　自主活動計画立案

本章の内容に対する活動計画をメンバー自身で立てる。次回(1カ月間程度)までに自分達で「何をするかのリストをつくり、誰が、いつまでに」を決める。次会合の最初に進捗を報告してもらうので、チームリーダーは進捗を把握しておくこと。

【自主活動計画における必須項目】

- 実習の写真をもとに定点撮影チャートを作成する。
- 清掃マップを作成する。清掃頻度を決める。
- 源流対策リストをつくる。

7.5.4　清掃2カ月目(9カ月目)の進め方

1.5.2項「活動スケジュール」「(2)集合教育の年間活動スケジュール例」で示した清掃は下記のとおりである。

8月目	清掃：清掃しやすい環境づくり、汚れない工夫(第7章参照)
9月目	清掃フォロー、清掃の基準づくり

9カ月目の集合教育は清掃の基準を作成する。基準の作成はリーダー、事務局中心でかまわない。作業員は現場で5S活動を実践しても、一緒に基準の作成に加わってもどちらでもよい。

- 塗装色基準
- 清掃基準(マップと頻度)

時間があれば、源流対策リストの進捗を確認してほしい。

第8章

清潔

8.1　清潔とは

清潔とは、整理、整頓、清掃(3S)を維持することである(図表8.1)。清潔に進む条件は3Sができていること。3Sに取り組んでいない、取り組み始めたばかりで十分でないのであれば、3Sで成果を出してから清潔に進める。3Sで成果が出たら、維持が大切になる。3Sが一時的では意味がない。時間とお金をかけて改善したことがもとに戻ったらムダになる。

清潔の目的は現場の力を常に発揮できるようにすることである。3Sが維持できていると、作業員はムダな作業をせずによい品物を安全に安定して作れる。3Sが自然にできる企業こそ、真の優良企業である。そのためには全社員が3Sを実践する。一人くらいいいだろうと考えた瞬間に崩れる。特に管理職は率先して取り組む。工場の協力企業や外注業者、納品業者も同様である。工場のルールを徹底させるべく業者に教育する。

清潔は「3Sの維持」と書いたが、維持だけでは疲れるし楽しくない。「清潔＝維持」ではなく、3Sをさらに進化させる「清潔＝進化」と考える。

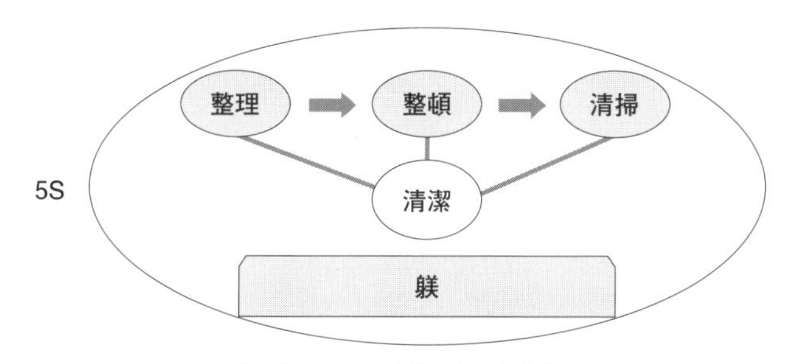

図表8.1　清潔の位置づけ

すると3Sの維持もはかれる。ただし、意思や気持ちだけでは長く続かない。決意しただけでは何もしないのと同じこと。維持するための仕掛けや仕組みをいかに工夫するかで決まる。次項では維持する仕掛けとしてイベントの企画を紹介する。

8.2　楽しいイベントづくり

3Sが「つらい」「苦しい」というようでは続かない。3Sの維持を楽しむ。気持ちよく続けられるよう自社に合った楽しい仕掛けを考える。下記のイベント例を参考に自分達でイベントを考えて実行する。私の指導先ではおもしろいアイデアを出してくれたチームがいくつかあった。イベントを考える過程も楽しんでほしい。

8.2.1　社内5S見学会

同じ工場とはいえ他の職場はあまり見ないものである。そこで見学会を実施することで、多くの違った目で現場を見てもらい、良い点、悪い点を確認し合う。社内の他部門、他工場の社員に見てもらうのもよい。以前の現場を知っているOB・OGを呼ぶと、違いがわかってもらえる(OB・OGも喜ぶ)。

8.2.2　社外5S見学会

お客様、納入業者、社員の家族、近隣の住民などに見てもらう。家族に職場を知ってもらえばコミュニケーションが円滑になるはずだ。近隣の住民とのトラブルの抑止力になるかもしれない。社外の人に感動してもらえば、大きな喜びになり、張り合いが出る。

8.2.3　5Sコンテストの実施

自職場の改善事例や進め方などを発表し、お互いに称えあう。モチベーションアップが目的なので、厳しい評価はしない。

8.2.4 グループ会社が集まる発表会に参加する

グループ会社内や社外の改善事例発表大会に参加する。他社の取り組みを直接聞くことで、刺激を受ける。

8.2.5 5S 写真展

全員が集まる食堂や、廊下などに定点撮影チャートを掲示する。賞をいくつか設け(大賞、ユニーク賞など)、投票してもらう。報告会で幹部から表彰してもらう。金一封が出ると喜ぶだろう。5S 写真展は割と人気のあるイベントである。

8.2.6 5S 月間

1 年に 2 回ほど 5S 月間を設け、垂れ幕や掲示を示す。5S 月間中は、5S コンテストやセミナーなど各種イベントを企画する。

8.2.7 5S パトロール

パトロール者は管理職クラス、現場の責任者クラス、5S 担当者クラスといろいろな階層で企画する。図表 8.2 のようなチェックリストを使い、各職場を採点し評価する。報告会で管理職から表彰してもらう。3S チェックリストは自職場に合うように変えてかまわない。

8.2.8 5S 標語

全社員を対象に、1 人最低 1 つの 5S 標語を考える。選考会を開いて、優秀作品を選ぶ。標語の垂れ幕、ポスター、看板などを作成し、目立つ所に掲示する。

こうしたイベントは 5S 活性化のため年に 1 回程度開催する仕組みにす

	No	チェックリスト	OK	NG	理由
整理	1	原料・仕掛品・製品置場に不要物がないか			
	2	機械や測定機・工具に不要物がないか			
	3	棚の中や上・下に不要物がないか			
	4	現場事務所に書類や備品など不要物がないか			
	5	工場の通路やスペース、周囲に不要物がないか			
整頓	1	原料・仕掛品・製品置場に乱れはないか			
	2	測定機や治工具はオープンか			
	3	部品・資材・備品などの3定と表示はできているか			
	4	書類や備品は取り出しやすいか、戻しやすいか			
	5	線引きは8割以上できているか			
清掃	1	原料・仕掛品・製品置場は清掃されているか			
	2	機械やそのまわりに原料や油が飛散っていないか			
	3	事務所や休憩室の机・棚にゴミ・ホコリはないか			
	4	工場の通路やスペース、周囲に原料、水、油、ゴミ、ウエスなど落ちていないか			
	5	清掃用具は必要な数で使いやすくなっているか			
		合計			

0、1、2、3、4点の5段階採点でも、3段階でもよい

図表8.2　3Sチェックリスト(現場)

るとよい。ただし、担当者任せにしておくと、担当者が人事異動したときにイベントが消滅してしまう恐れがある。そこで、どこの組織が担当し、いつごろ、どうやるのかを書いたイベントの運営要領を文書化しておけば、イベントが継続しやすい。

8.3　身だしなみ

3Sの対象はモノや行為だったが、清潔からは人も対象になる。人は汚れの発生源である。人は汗もかくし、油も出る。フケも出るし、髪の毛も

抜ける。爪が長いと汚れがモノにつく。自分自身が周りを汚さないよう、入浴、洗髪、手洗いを励行し、自分自身を清潔に保つ。小まめな手洗いとうがいで常にきれいに保てば風邪を引きづらくなり健康によい。

身につけるモノ(作業着、ヘルメット、メガネ、安全靴など)は、いつも清潔な状態にする。服装が汚いと周囲の社員の気分が悪くなる。清潔な服装を心がけよう。靴底が汚れていると、その汚れが現場、事務所、会議室に持ち込まれるので、マットやスリッパなど汚れない工夫を検討する。

多くの工場では身につけるモノの着用ルール(身だしなみ基準)がある。なければ身だしなみ基準をつくるべきだ。身だしなみ基準が徹底されるようにときどきは読み合わせしてほしい。特になぜそのようにするのか理由を確認しておく(なければ追記する)。なぜヘルメットのアゴ紐はきちんととめなければいけないのか、作業着の長袖のボタンは留めるはなぜかなど、Know Why が大切であり、身だしなみ基準を守る動機づけになる。身だしなみは安全に有効である。

8.4　清潔の実習と次回までの課題

8.4.1　実習その1(30分以内)

(1)　3S 進化のための企画を考える

チームごとに企画を1案以上出す。企画のアイデアをブレインストーミングでたくさん出してから、メリットとデメリットを考えて意見を集約すると進めやすい。テーマが決まったら具体的な企画を立案する(ねらい、目的、内容、スケジュール、評価方法、費用、賞金など)。

(2)　チームごとに発表し、企画を決める

各チームの発表後に質疑応答を行う。全員で議論し、どの企画にするか決める。企画の詳細検討は事務局一任でよいと思う。報告会でイベントの表彰ができるように逆算してスケジュール化する。

8.4.2　実習その2(30分以内)

(1)　3Sチェックリストで自分達の職場を自分達で評価する

自職場の1つの工程を対象に採点する。自分達の職場の評価は甘くなりがちだから、「他の職場の人が評価したらどうだろう？」と意識する。他人の評価と自分の評価が乖離しないように気をつける。評価が低い部分は撮影しておく。

(2)　採点結果と写真を発表する

撮影した写真をプロジェクターに映し、なぜ撮影したのか、どう改善するかを発表する。各チームの採点結果は事務局で記録しておく(次回の採点結果と比較するため)。

8.4.3　自主活動計画立案

本章の内容に対する活動計画をメンバー自身で立てる。次回(1カ月間程度)までに自分達で「何をするかのリストをつくり、誰が、いつまでに」を決める。次会合の最初に進捗を報告してもらうので、チームリーダーは進捗を把握しておくこと。

【自主活動計画における必須項目】

- 実習の写真をもとに定点撮影チャートを進める。
- イベントを準備する。

第9章

躾(しつけ)

9.1　躾とは

9.1.1　躾のねらい

躾(しつけ)とは、決められたことをきちんと守ることである。躾の漢字は「身を美しく」と書く。人が身につける美しさが躾とはとてもよい漢字だと思う。決められたルールをキチンと守れる人(身)は、心が美しい人であろう。ちなみに躾の元々は礼儀作法を身に付けさせるという用語である。

躾の目的はものづくりの企業風土づくりである。企業風土とは、社員が共有する価値観や信念、思考プロセス、これらに基づく行動などのことである。工場の文化といってもよいだろう。

工場の文化という抽象的な表現をしているが、例えばこんなことである。道路の信号機が黄色に変わったとき、減速する地域と加速する地域がある。交差点を右折するときに直進車を待つ地域と直進車が発信する前に右折してしまう(早曲がり)地域がある。どちらがよいという話ではなく、信号というルールに対して、行動に差があるという例えである。

同じ製品をつくっていても工場によって作り方が少し違うことはある。それを工場の文化の違いという。躾は工場の文化をよりよく変えていく活動である。悪いルールを直してよいルールを守らせる、よいルールをつくって定着させるのが躾である。

9.1.2　管理職の心構え

躾の対象は人そのものである。自分自身に対して、決められたことが無理なく、自然に守れるように習慣としていく。日常生活では、洗顔、歯磨き、入浴など考えることなく自然に行っている。職場でも社員が4Sを自然に行えるように管理職が導く。

躾は教えたからといってすぐできる、すぐ身につくというわけではない。何回も教えて、育つのを待たねばならない(教育)。したがって、会社で躾に取り組んだからといって、ただちによくはならない。躾は時間がかかる。だからといって、やらないわけにはいかない。根気よく教育に取り組んでほしい。

躾の対象は関係者全員である。正社員はもちろんのこと、契約社員、協力会社など躾の対象に例外はない。「自分一人くらいチョイ置きしても大丈夫だろう」「ちょっと汚してしまったけどまぁいいか」が積み重なって、工場の文化が悪くなる(割れ窓理論)。社員1人1人の心がけがとても大切である。特に管理職は自ら範を示し行動すれば自然に広がることを肝に銘じる(率先垂範)。

躾は誰がするか。一般的には、子供は親、学生は先生、新入社員は上司が躾する。大人が人から躾をされてはおもしろくない。強制された躾は楽しくない。大人は分別がつく。大人の躾は自分自身で行う(自律)。本人がわがままをしなければ、周りに迷惑をかけない。みんなで今一度会社の守るべきルールを確認して自律する。

職場では新入社員、転職者、転勤者など入れ替わりは多い。忙しい管理職だけに教育を任せては管理職が多くの時間を取られてしまう。状況によっては教育されないこともある。そのため、職場の入れ替わりの多い時期に対象者を集めて5Sを教育するのが効率的である。新入社員教育に5Sを入れることは定例化すべきだ。5S教育では「いつ」「誰が」「何を」といったカリキュラムを作成しておく。テキストは本書を活用してほしい。

座学と実習により教育を受けた後のほうが、管理職の実践指導は有効である。ルールを守らない人、忘れている人に対して、管理職が躾をする。躾は企業風土づくり。だから、教えたことが守れなければ上司が叱ってよい。感情を愛情に変えて叱ろう。その場で叱ろう。諦めずに叱ろう(図表

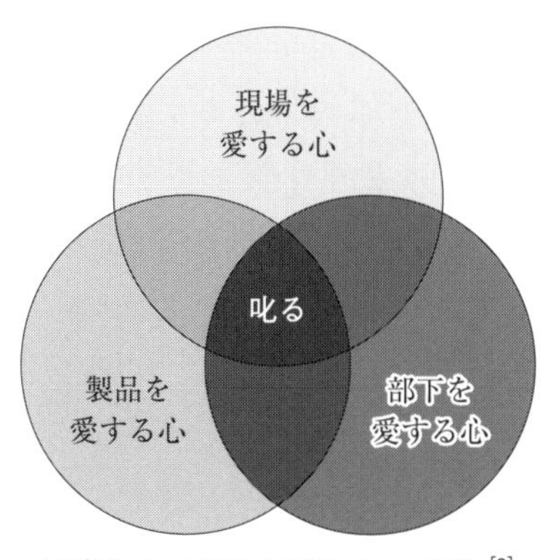

図表 9.1　叱り上手の 3 つの愛 [9]

9.1）。

9.2　守るべきこと

9.2.1　躾の 3 原則

躾では工場で必要な安全、品質、納期、環境などに対して、決められたことをきちんと守れること、あるべき行動を自然にできるようにすることを目指している。いくら指導しても、受ける側に問題あると「暖簾に腕押し」である。そこで、社員の器づくりから始める。教育哲学者の森信三(もり　のぶぞう)氏が提唱する「躾の三原則」がお勧めである。人として基本的なことであるが、きちんとやるのは意外と難しい。

(1)　挨拶

顔を合わせたとき「おはようございます」と自分から自然に出る。外来のお客様が来社されたときに「いらっしゃいませ」と挨拶できる。挨拶は、人からではなく自分から。「謙虚」な気持ちを養う。

他人に何かやってもらったとき「ありがとうございます」と自然に出る。「感謝」の気持ち持つ。

(2)　返事

他人に名前を呼ばれたら、「はい」とまず応えられる。この「はい」という一語によって、その人は意地や張りといった「我」を捨てる。「我」を捨てると、当の本人はもとより、まわりの人の雰囲気まで変わりだす。

(3)　後始末

席を立ったら椅子を入れる。履物を脱いだら、きちんと揃える。履物の締まりは心の締まり。「前の動作の締めくくり」の気持ちを持たせ、自分のしたことの後始末を徹底させる。

9.2.2　各種ルール

工場では守るべき各種ルールがたくさんある。細かなルールを全部覚える必要はないが、知らなかったではすまないことはある。最低限の知識は会社から教育を受けてほしい。

(1)　法令

交通法規：酒気帯び運転、スピード違反、駐車違反など。飲酒運転により会社に重大な損害を与えた場合、解雇されることがある。

環境関連法規：水質汚濁防止法、大気汚染防止法など。川や海、大気、土壌に基準を超えた物質を放出してはいけない。公害につながる。

労働安全衛生法：健康と安全の確保。高所作業では命綱をつける、騒音職場では耳栓を着用するなど。

(2)　社内規則

就業規則、安全規則、製造規格、作業標準など会社や工場で決められたこと。近年、検査手順の省略や品質データの改ざんなどが発覚し、巨額の改修費用や損害賠償を求められた会社が続出している。工場の閉鎖まで発展することもあるので注意しなければならない。

(3)　5S 基準

捨てる基準、線引き基準などの 5S 基準を守って会社に定着させてほしい。また、社内規則や 5S 基準を補足するような、自職場独自の基準(休憩の取り方、点検や終結の仕方など)があれば明文化しておくと新人への説明漏れが防げる。5S 基準は各章で書いたが、必要な基準類を列挙しておく。

【5S 基準の例】
整理：捨てる基準、書類保管基準
整頓：線引き基準、手持基準、表示基準、掲示物基準
清掃：塗装色基準、清掃基準
清潔：身だしなみ基準、イベント運営要領
躾：5S 教育、5S 時間

躾の 3 原則、会社の各種ルールといった決められたことが自然に守れれば、4S がさらに進化する。少しずつでかまわないから守るべきことを習慣にしていこう。

9.3　躾の取り組み方

9.3.1　躾の位置づけ

整理、整頓、清掃、清潔はモノや場所に対して行うが、躾は人が身につけることである。モノと人で次元は違うが、同時に取り組んでいる関係がある(図表 9.2)。

躾の範囲は広いし、人が対象なので難しく時間がかかるため、最後のまとめとしての位置づけになっている。経験的には一般的な工場だと 5S が

図表 9.2　4S と躾の関係

定着するまで3年かかる(事務所は2年)。図表9.3に5Sのステップを示す。また、以下に各年の課題を示す。

躾における1年目、2年目、3年目の課題
1年目：5Sを一通りまわす。
知る：5Sの知識がある、聞いたことがある。
習う：5Sの目的、手法、効果など理解した。
習得する：5Sを実践した。まだ時間がかかる。
習熟する：5Sに慣れ、短時間でできるようになった。
2年目：もう一度5Sを回し、定着のための仕組みをつくる。
習慣となる：5Sが決まりのようになった。まだ意識して取り組んでいる。
3年目：仕組みをチェックしつつ自立に向かう。

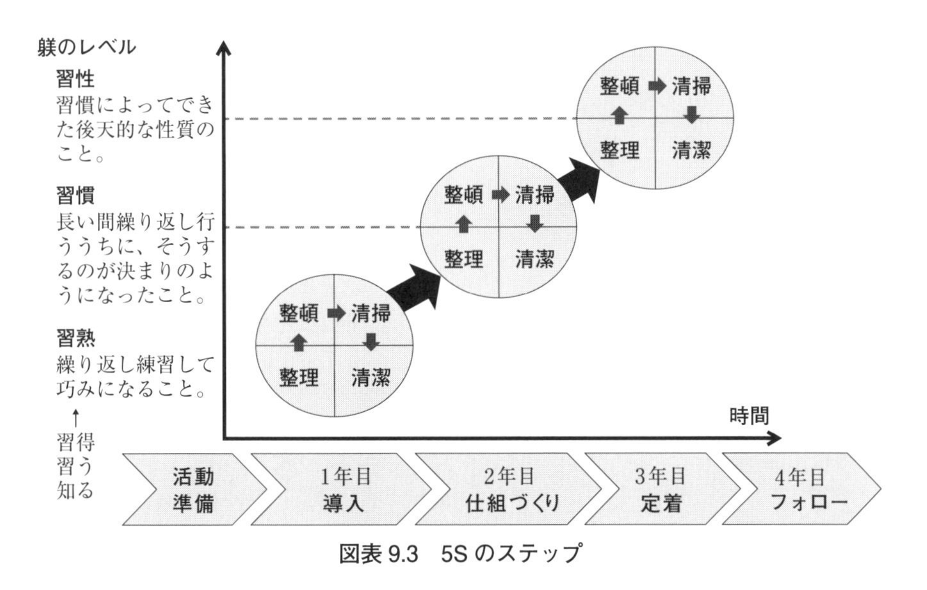

図表 9.3　5S のステップ

習性となる：ある程度、無意識に 5S ができるようになった。5S が常識、当たり前のようになりつつある。

5S のレベルは躾のレベルといっても過言ではない。そして、モノづくりは人づくり。4S を表面的に実行しても、社員に腹落ちしなければ定着しない。人づくりにより 5S レベルは上がる。人づくりのための教育と訓練は、空いた時間ではできない。生産をにらんで、定期的な教育時間を確保し、社員に 5S 活動する時間を明示することはとても大切である。これは管理職のマネジメントである。社員の 5S レベルが低いのは管理職のマネジメントが悪いということも多い。会社の 5S が進まない責任を社員だけに押し付けてはいけない。

9.3.2　躾の仕組みづくり

(1)　社内のルールを文書化する

9.2 節「守るべきこと」を参考に基準を文書化する。基準は ISO か製造基準に盛り込んで、承認を受け正式に認められた形にする。公式文書にすれば、ルールを守るよう指導しやすくなる。

(2)　文書化したルールを定期的に教育する

文書化しても忘れることは多い。半年～1年に1回は勉強会を行う。そうすれば、新たに学びなおせる。また、おかしなルールは見直せるし、足りないルールは足される。全社員がルールを守ることを徹底させる。

(3)　ルールを見直す

納得できないルール（昔からのしきたり、時代の変化にあってない、ムダなルールなど）があったとしても、決まっている以上まず守る。しかし、納得いかないルールは放置せず見直すべきである。納得できないルールを見直せば、ルールは例外なく守られるようになる。言いづらいことでも率直に言える雰囲気は大切である。そのためにも5S検討会や5S委員会などルールを改定する場はつくっておく。そして、ルールを改定したときは関係者全員に改定理由と内容を周知徹底させる。

9.4　躾の実習と次回までの課題

以下に示す実習については、「その1」「その2」の内の一方だけでもかまわない。

9.4.1　実習その1（1時間）

(1)　自職場独自の基準を確認する

躾は、決められたこと（ルール）をきちんと守ることである。ルールが何かわからないとルールは守れない。会社には自職場独自のローカルルール（休憩の取り方、点検や終結の仕方など）があることが多い。チームごとに自職場のルールを再確認して、新人向けに文書化しておく。

ブレインストーミングの精神(批判禁止、質より量、自由奔放、結合OK)でとにかく、たくさんあげてから削っていく。普段当たり前のように行動しているので、改めてルールを確認しようとすると出にくいかもしれない。その現場では当たり前のことでもかまわないのでドンドン書き出していく(新人にとっては初めてのはず)。

着眼点として、一日の仕事内容を朝からなぞっていくと出やすい。通勤、身だしなみ、朝会、点検、休憩、昼休み、会議、安全、在庫管理、品質、清掃など考えてみよう。

(2)　チームごとに発表する

チームごとに発表し、質疑応答を行う。最終的にチームリーダーがあずかり、所属長と相談の上、公認された自職場ルールとするのが望ましい。自分たちのルールは自分たちで決めよう。

9.4.2　実習その2(1時間)

(1)　自職場の5S基準を再確認する(5S基準がある会社向け)

事務局から5S基準の説明を受け、5S基準をもらう(5S基準はファイリングして、すぐに確認できるようにしておく)。

現場で5S基準どおりでない場所をデジタルカメラで撮影する。細かな違いを直すつもりはない(趣旨があっていれば問題ない)。5S基準と違うという認識ができれば十分である(5S基準を体にしみ込ませる)。捨てる基準、書類保管基準、線引き基準、手持ち基準、塗装色基準など、会社のルールが守られているかバランスよくチェックしよう。

撮影場所は自分の職場とし、時間が余れば共通場所も撮影する。他の職場は撮影しない。撮影者＝発表者とする。カメラ1台に3～4人がよい(人数が多いと遊ぶだけ)。実習は1時間とし、移動も含めて迅速にテキパキ行動し、現場から指示された時刻までに帰ってくる。

(2)　撮影結果を発表する

撮影した写真をプロジェクターに映し、現状の問題点や、こうすべきという意見を発表する。

9.4.3　自主活動計画立案

本章の内容に対する活動計画をメンバー自身で立てる。次回(1カ月間程度)までに自分達で「何をするかのリストをつくり、誰が、いつまでに」を決める。次会合の最初に進捗を報告してもらうので、チームリーダーは進捗を把握しておくこと。

【自主活動計画における必須項目】

- 実習の写真をもとに定点撮影チャートを進める。
- 5S基準を作成する(見直す)。

9.4.4　12カ月目の進め方

年間の活動スケジュールで示した清潔、躾は下記のとおりである。

【清潔、躾における10月目、11月目、12月目のスケジュール例】

10月目	清潔：評価基準づくり、イベント企画、身だしなみ(第8章参照)
11月目	躾：誰が、誰を躾け、何を守るか(第9章参照)
12月目	清潔・躾フォロー、清潔・躾の基準づくり。報告会の構成、来期に向けて(第10章参照)

12カ月目の集合教育はイベントの企画状況、各種基準の作成状況を確認する。その後、第10章に進む。

第10章 仕組みづくりと次年度に向けて

10.1　5S活動の仕組みづくり

10.1.1　第1期報告会

5S活動の第1期終了日に活動のまとめとして第1期報告会を開催する。5S活動は3年継続しないと定着しない。3年は続けるという想いを込めて「第1期報告会」としてある。報告会の開催要領は第6章とほぼ同じであるが、2つ加えることがある。

1つはイベントを実施していれば結果報告と表彰を行う。幹部から表彰状と賞金をもらえれば社員のモチベーションは上がる。来年も頑張る動機づけになる。もう1つは第2期を継続するとリーダーは決意表明してほしい。やれといわれてやるのではなく、自ら率先する積極さを発揮してほしい。社員が続けたいという想いを幹部は無下にはできないはずだ。もし、事前に幹部の了承がとれていれば、決意表明を第2期キックオフとしても問題ない。

報告会の開催は午後とし、午前に発表者で予行演習(リハーサル)をしておくと本番にゆとりを持って臨める。

10.1.2　5S活動の仕組み

集合教育の内容と進め方を中心に解説してきた。工場における5S活動の仕組みの全体像は図表10.1のとおりである。基本的に全社員に集合教育を受けてもらいたいので、交代勤務は生産を止めてでも全員参加すべき

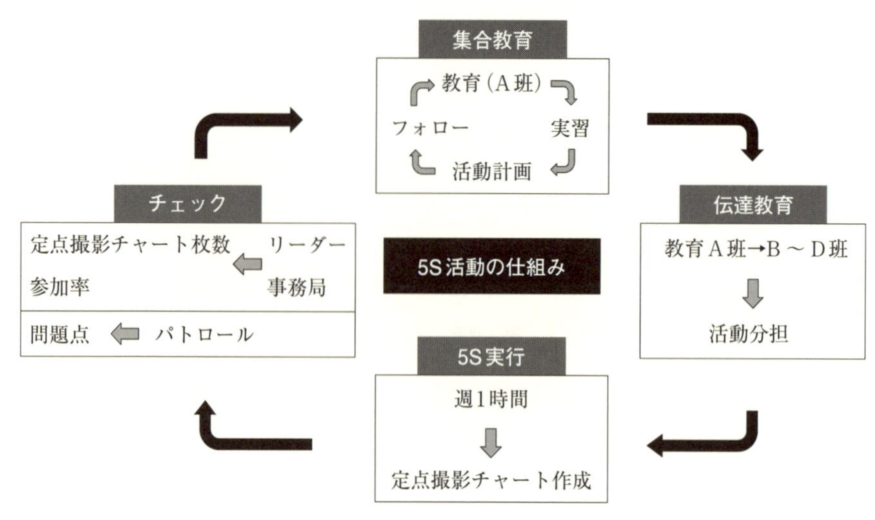

図表10.1　5S活動の仕組み（交代勤務）

だ。それができない場合、交代勤務のうちやる気のある1つの班に対して集合教育を受けさせ、他班には伝達教育となる。伝達教育のデメリットは5S活動の意識が低くなりがちということである。

集合教育の班は5S意識が高く、モチベーションも高い。モチベーションの差は、集合教育に参加する班同士での切磋琢磨、暗黙知の理解、情熱の伝播だと考えている。交代勤務がない工場は伝達教育はなし、全員に集合教育を行う計画を立てる。

5S実行における重要なポイントは以下の2つである。

5S実行の重要ポイント

①　チームの社員全員が参加すること（その理由は1.2.1項「全員参加」を参照）。

②　週1時間程度は5Sを実行するための時間をつくること（2.4.3項「5S活動時間の見える化」を参照）。

この2点がきちんとできているかチェックするのが参加率である(図表2.5「5S 活動時間の見える化」)。参加率はリーダーか事務局が月1回チェックする。リーダー、事務局はこれ以外にもいろいろと5S 関連の仕事がある。よってリーダー、事務局は上司から5S 活動に充てる時間をもらわなければならない(残業時間をあてるという労働強化ではなく、何かの仕事と相殺するよう配慮してもらう)。

次のチェックは定点撮影チャート枚数(進捗率)である(詳細は2.4.2 項「定点撮影チャートの管理方法」を参照)。進捗率は定点撮影チャートで改善前(第1段階)の数、完了した改善の数により、5S の活動状況を数値で把握できる利点がある。進捗率は前月と今月を比較すれば活動の程度を推察できるし、他班と比較すれば刺激を与えることができる。進捗率という数値で客観性があるため納得感のあるチェックと指導がしやすい。

定点撮影チャートの枚数と進捗率、参加率で5S 活動をチェックする方法は私自身で実際に活用しているが簡便な上にきちんと活動状況が管理できると考えている。

10.1.3 チェック機能の強化

進捗率と参加率でチェックするのは基本であるが、さらにチェック機能を強化するためにパトロールを推奨する。パトロールは階層を細かくするといろいろな視点からチェックできる(1年目はできる範囲でよい)。

(1) 個人の 5S エリア

個人が5S 担当エリアを持つことで、自主性を養うのと同時に個人の隙間時間が活用できる。パトロールで指摘された際は主担当として改善を進めてもらう。

(2) 自主パトロール

自職場をパトロールし問題箇所は撮影しておく。パトロール者と頻度を文書化しておくと定着しやすい。また、自班の定点撮影チャートの進捗をチェックし、進捗が悪い箇所についてはアドバイスする。

(3)　相互パトロール

職場相互でチェックし、よい点の取り込み、改善点の指摘を行う。係長や班長といった5Sのチームリーダークラスが他のチームをパトロールする。勝手にやらず事務局で差配して5S活動の一環とする。

(4)　管理職パトロール

管理職、事務局、5Sリーダーなどで進捗の確認を行う。停滞している班には活を、困っている班にはアドバイスを、満足している班にはさらに上をアドバイスする。

パトロールは、いつ、誰が、何を、どのように行うかを運用基準として文書化し、年間計画を立てる。これらのパトロールは既存の仕組みを活かすと実施しやすい。工場長パトロールがあれば5Sパトロールも兼ねるとか、課内パトロールがあれば相互パトロールも兼ねるとか、他のパトロールと同時に実施する。

5Sパトロールだけでは現場が指示待ちになり活動に限界が出る。教育と訓練を組み合わせて現場に主体性を持たせるように導いてほしい。

10.2　次年度の5S活動の進め方

10.2.1　5S基本3年計画

5Sの定着は人財を育成しなければならないため難しく時間がかかる。経験的に優秀な工場や事務所中心の活動で2年かかる。一般的に3年は5S活動に注力しないと定着しない。工場の組織的側面からすると、社員数、組織数が多いとさらに時間がかかる。

知識を教えるだけの研修レベルならば、何人いてもかまわないのだが、教えたことを実習させて、チェックして、活動をフォローするとなると1グループ20名程度に制限しないと教育する側の目が行き届かない。たくさんのグループを教育させると現場が混乱するので、現実的に1年目はモデル職場を選ぶことになる。

モデル職場は5Sを自社に合ったやり方に解釈して実行することで成功体験をつくってもらう(1年目は必ず成功させねばならないという重圧がある)。そうすると後に続く職場が進めやすくなるので、1年目は無理に工場全員参加にせず、選ばれたモデル職場全員参加でかまわない(1期生)。2年目は選ばれていない職場(2期生)を選んでいくというやり方で、順次5S活動を広げる形にする。3年目には工場全員が5S教育を受けた状態になるように計画する(図表10.2)。3期生までいる工場では定着まで5年かかる。

つまり、5S基本3年計画における進捗は以下のようになる。1期生は、4年目には、自立して5Sを行い、指導もできるようになることをめざす(図表10.3)。

1年目：5Sの基礎を学ぶ。

2年目：1年目にやりきれなかった部分に加えて、現場の5Sレベルをさらに発展させる。未実施エリアへ展開する。

3年目：自主活動を徹底させ、自主自立を試みる。

4年目：自分たちで考えて実行できる。他職場へ講義や現場指導ができる。

	1期生	2期生	3期生
1年目	基礎		
2年目	発展	基礎	
3年目	定着	発展	基礎
4年目	自立	定着	発展
5年目		自立	定着

図表 10.2　5S 基本 3 年計画

	1 年目	2 年目	3 年目
活動範囲	モデル活動	班活動	工場活動
展開イメージ	点の展開	線の展開	面の展開
取り組み方	管理職のリーダーシップ	水平展開	現場自立
活動のねらい	5S 教育の導入	自社流 5S に改善	自社流 5S の定着
リーダー	製造課長	係長	班長
メンバー	係長、班長、班員	班長、班員	班員

図表 10.3　5S 基本計画

10.2.2　2 年目の教育計画

1 期生の 2 年目も基本的に 1 年目と同じ進め方である。2 年目開始前に年間計画を立てておく。基本は月 1 回の集合教育かフォロー、週 1 時間の自主活動、半年に 1 回の報告会となる。

【2 年目の年間の活動スケジュール例】

1 月目　活動企画立案、キックオフ
2 月目　整理の復習
3 月目　整理のフォロー
4 月目　整頓の復習
5 月目　整頓のフォロー
6 月目　中間報告会
7 月目　清掃の復習
8 月目　清掃のフォロー
9 月目　清潔の復習、イベント企画
10 月目　躾の復習
11 月目　清潔と躾のフォロー
12 月目　第 2 期報告会

キックオフは第2期の5S活動企画を発表し、リーダーが決意を表明する（詳細は1.4節「キックオフミーティングの進め方」を参照）。

復習は1年目のおさらいを行う。現場が十分理解し、身につくまでしつこく繰り返す。復習しつつ5Sを発展させる気持ちで取り組む。復習の先生役は1期生メンバーの持ち回りにしてでもよいし、引き続き第1期の専門家（講師）でもよい。1期生が教える側になると勉強したことがしっかりと身につくのでお勧めである。ただし、先生役は社員の負担になるので嫌がられる。特に1期生が2期生の指導となった場合、成功させねばならないという重圧が1期生かかる。先生役を積極的に引き受けてくれる1期生がいればよいが、いなければ第1期と同じ専門家を呼ぶ。復習の月の集合教育は第1期と同じ形式をとり、進捗確認、講義、実習で6時間程度を確保する（詳細は1.5.2項「活動スケジュール」「(1)集合教育の時間割例」を参照）。

フォローでは自主活動の進み具合、定点撮影チャートを報告してもらう。フォローの月は集合教育はなしで、チーム数×30分の進捗確認で十分だろう。

自主活動が順調に進んでいればよいが、何か問題があれば、相互パトロールか5Sパトロールを実施して、外部からチェックしてもらうとよい。

〈自主活動計画立案〉

本章の内容に対する活動計画をメンバー自身で立てる。次回（1カ月間程度）までに自分達で「何をするかのリストをつくり、誰が、いつまでに」を決める。

【必須項目】

- 報告会の資料作成
- 次年度の5S活動企画立案

参考文献

[1] 杉山友男：『5S改善の進め方』、日本能率協会マネジメントセンター、1992年。
[2] 三菱ガス化学：「ビジョンと理念／行動理念」、三菱ガス化学㈱ HP
https://www.mgc.co.jp/corporate/philosophy.html
（最終アクセス日、2019年3月）
[3] 日本電産：「会社概要や日本電産全般に関するご質問」、日本電産㈱ HP
https://www.nidec.com/ja-JP/corporate/inquiry/faq/about/0013/
（最終アクセス日、2019年3月）
[4] 古畑友三：『5ゲン主義5S管理の実践』、日科技連出版社、1995年。
[5] 中部産業連盟：『まるごと5S展開大辞典』、日刊工業新聞社、1992年。
[6] 羽根田修：『お金持ちになる人の財布、貧乏になる人の財布』、中経出版、2012年。
[7] 越前行夫：『5Sの進め方』、日本能率協会マネジメントセンター、2007年。
[8] 野口悠紀雄：『「超」整理法』、中央公論新社、1993年。
[9] 平野裕之：『5S定着化ワン・ツー・スリー』、日刊工業新聞社、1992年。
[10] 日本理化学工業：「障がい者雇用の取り組みについて」、日本理化学工業 HP
http://www.rikagaku.co.jp/handicapped/index.php
（最終アクセス日、2019年3月）

索　引

索引

著者紹介

羽根田 修(はねだ　おさむ)

工場のコスト削減コンサルタント。

1973年、東京都生まれ。豊橋技術科学大学大学院修了。株式会社クボタでは、工場にてコスト削減に取り組む。その後、日本ビジネス革新コンサルティング株式会社へ転職。直近10年で105億円の工場のコストを削減した。

化学、金属、成形など素材・装置工場に特化したコスト削減のコンサルタントとして、5S、省エネルギー、品質改善、作業改善、残業時間削減の指導をしている。「ものづくりは人づくり。コスト削減活動を通じて、工場のエンジニアをスペシャリストに育てる」がモットー。

また、工場のコスト削減手法を個人の日常生活にも応用し「お金が貯まる片づけの技術」を確立。「貯金は片づけから始める」という持論を実践している。著書に、個人向け5Sの本として、『金持ちになる人の財布、貧乏になる人の財布』(中経出版、2012年12月)がある。

連絡先　info@3s4s5s.com

運営サイト　3s4s5s.com　https://3s4s5s.com/

5S の教科書
導入から定着まで 1年間の教育プログラム

2019年6月27日　第1刷発行

検印
省略

著　者　羽根田　修
発行人　戸羽　節文

発行所　株式会社 日科技連出版社
〒151-0051　東京都渋谷区千駄ヶ谷5-15-5
DSビル
電　話　出版　03-5379-1244
営業　03-5379-1238

Printed in Japan　印刷・製本　株式会社リョーワ印刷

ISBN978-4-8171-9673-6
URL　http://www.juse-p.co.jp/